經營顧問叢書 ㉞④

營 業 管 理 手 冊

沈廷偉　任賢旺 / 編著

憲業企管顧問有限公司　發行

《營業管理手冊》

序　言

企業的營業管理工作，是市場行銷管理的一門重要學科，研究企業銷售及其管理活動的過程規律，是市場行銷專業人仕必修的核心課程。

筆者十幾年來一直在企管顧問公司從事營業管理方面的顧問工作，並在大學教授行銷課程，大學授課主要內容以菲律普克勒著作的《行銷管理》書為主，該書非常著名，以論述行銷企劃專業功能為主，筆者十幾年，總覺得該書有所不足，理由是欠缺第一線的營業部門管理工作內容，**讀者若能將菲律普克勒《行銷管理》與本書《營業管理手冊》互相結合閱讀，必能有事半功倍的績效，本書的出版，希望能對營業管理研究的建立，做出一點貢獻。**

作者在企管顧問公司擔任企業行銷診斷輔導的工作，並在大學教授營業管理課程，在開班授課之餘，常接獲學員心聲反應：苦無入門實施之法，有鑒於此，特提出企管顧問師的授課教材與實戰經驗，撰稿成書。**本書《營業管理手冊》是顧問師成功的營運輔導經驗，為你指明方向與具體技巧，對營業管理工作的各環節進行詳細論述，內容實務，操作性強，特色在於針對營業部門，探討企業內的各種實務問題，具體而詳細的解說營業技巧與管理方式，主管如何組建成功的銷售團隊，實施有系統的營業管理技**

巧，可迅速提昇業務部門績效。銷售團隊組織編列，銷售區域的設計與劃分，營業部門人員的選拔，加以有序專業培訓，如何激勵業務員，決定薪酬的設計方式，銷售目標額的規劃，主管如何協助達成個人銷售定額，業務員如何針對轄區經營有技巧，如何評估銷售績效，並對銷售員有效輔導。

本書承蒙各校老師、顧問界朋友提供眾多內文，在此表示由衷感謝！作者先後曾著作此類行銷書籍，承蒙淡江大學、世新大學、精鐘大學……等大學採用為行銷科目授課教科書，表示感謝萬分。

本書是銷售部經理、市場部經理、企業管理人仕及對銷售管理有興趣人士的理想讀物，也可作為企業的專業培訓教科書。

2022 年 6 月

《營業管理手冊》

目 錄

第 1 章

銷售部門的營業管理心態

推銷是一個十分熟悉的名詞，推銷活動已經為人們所熟知，在市場激烈競爭的今天，推銷直接決定著企業的興衰存亡，企業往往依靠推銷員佔領和控制市場，而銷售主管如何管理一個企業的推銷活動，在企業管理的地位越來越突出，銷售主管一定要瞭解推銷技術的內容，掌握推銷的原則，瞭解作為一名合格的推銷員應具備的素質，深刻理解推銷員的職責與任務。

第一節　五種推銷員的工作類別

由於有許多獨特性質的銷售工作，因此「銷售人員」一詞本身就具有豐富的含義。一名銷售人員可能是一個在市內繁華地帶賣花的小販，也可能是一個為將飛機賣給其他國家而進行談判的銷售主管。銷售主管在管理眾多銷售員的工作狀況，首先要明白你轄下銷售員是哪一種。

1. 新業務銷售

新業務銷售就是增加新顧客或將新產品導入市場的銷售。新業務銷售人員有兩種類型：開拓型銷售人員和訂單獲取者。

開拓型銷售人員(pioneer)經常要推銷新產品、接觸新顧客，或者同時面對新產品和新顧客。他們的工作需要創造性的推銷技能和隨機應變的能力。開拓型銷售人員在企業特許權的銷售中得到了很好的描述，其中，銷售代表從一個城市到另一個城市以尋找新的特許權購買者。

訂單獲取者(order-getter)是指在一個高度競爭的環境下主動尋求訂單的銷售人員。雖然所有開拓型銷售人員都是訂單獲取者，但反之則不成立。訂單獲取者可能依據不斷變化的情況服務於現有顧客，而開拓型銷售人員會儘快尋找和接近新顧客。訂單獲取者可能透過向現有顧客推銷產品線的附加產品以尋求新的業務。一個大家熟知的策略就是首先透過推銷產品線的單一產品與某顧客建立聯繫，然後緊接著再進行銷售訪問，同時推銷產品線的其他產品項目。

大多數企業都重視銷售增長，開拓型銷售人員和獲取訂單者是實現增長目標的中心力量。銷售人員的這種角色的壓力是非常大的，結果也是顯而易見的。由於這個原因，新業務銷售人員常常都是企業銷售隊伍中的最出色的人物。

2. 現有業務銷售

與新業務銷售人員剛好相反，其他銷售人員的主要責任是維持與現有顧客的關係。強調維持現有業務的銷售人員也包括訂單獲取者。這些銷售人員經常為批發商工作，顧名思意，「訂單獲取者」不涉及創造性推銷。管理著一個固定的顧客群的銷售人員就是接單人員(order-taker)，他們只做一些常規的重覆性訂購。他們有時跟在一個開拓型銷售人員之後，在開拓型銷售人員進行了第一次銷售之後，他們接著進行下一次銷售。

對企業來說，這些銷售人員的價值並不比新業務銷售人員小，但是創造性推銷技巧對這類銷售人員不太重要。他們的優勢是具備在確保顧客方便方面的可靠性和能力，因此顧客日益依賴於這類銷售人員所提供的服務。隨著市場的競爭越來越激烈，現有業務銷售人員對於避免顧客流失來說非常關鍵。

許多企業認為保護和維持利潤大客戶要比發現客戶替代者容易得多，因此它們加強了對現有客戶的銷售力量。例如，Frito-Lay公司的 18000 名服務銷售人員每星期至少給零售客戶打 3 次電話；Frito-Lay 公司的銷售代表每天都會與較大的客戶見面。這些銷售代表花費大量的時間宣講 Frito-Lay 公司速食食品的利潤，這就使零售商和 Frito-Lay 公司都提高了銷售量。

3. 內勤銷售

內勤銷售(inside sales)是指非零售銷售人員，他們只在僱主的業務所在地處理顧客問題。最近幾年，內勤銷售受到了極大的關注，企業不僅將其作為一個補充性銷售策略，也將其作為一種現場推銷的替代方案。

內勤銷售可以分為主動內勤銷售和被動內勤銷售。主動內勤銷售是指主動尋求訂單，或者是電話行銷過程的組成部份，或者屬於接待隨時到訪顧客的活動。被動內勤銷售隱含著接受，而不是請求顧客訂單，雖然這些業務實踐要包括附加的銷售嘗試。我們應該記住，客戶服務人員有時是作為內勤銷售工作的延續來發揮作用的。

4. 銷售支援

銷售支持人員(sales support personnel)通常不去直接徵求採購訂單，他們的主要責任是傳播信息和有關激勵銷售的其他活動。為了支持所有的銷售努力，他們可能重點關注分銷管道的最終使用者和其他層次。他們可能向其他負責直接控制採購訂單的銷售人員或銷售經理報告。這裏有兩類眾所週知的銷售支持人員：傳教型的或專業型銷售人員和提供技術支援的銷售人員。

傳教型銷售人員(missionary sales people)通常為一個製造商工作，但有時也為經紀人、製造商代表工作，在食品雜貨業更是如此。銷售傳教士與宗教傳教士有許多共同之處。銷售傳教士努力把轉變顧客購買行為的信息傳遞給顧客。一旦轉變完畢，顧客就會收到更多的新信息。傳教士活動的好處就是加強了購買者與推銷者之間的關係。

在醫藥行業，專項推銷人員(detailer)是一種專門從事醫藥產品推銷的人員。這類推銷人員主要做醫生的工作，提供有關藥物產品的功效和限制的重要信息，試圖使醫生開藥方時使用他們的藥品。另一類銷售代表同樣來自醫藥公司，他們銷售藥品給批發商或藥品商，但是，透過與醫生溝通來支持直接銷售努力是該類銷售人員的工作。

技術專家有時也被看做是銷售支援人員。這些技術支援性銷售人員(technical support sales people)可以幫助企業設計程序、安裝設備、培訓顧客及提供技術跟蹤服務。他們有時是一個銷售團隊的組成部份，這個團隊包括透過推薦合適的產品或服務來專門確認和滿足顧客需求的其他銷售人員。

5. 直接面對消費者的銷售

直接面對消費者的銷售人員是數量最多的一類。美國大約有 450 萬名零售銷售人員和近 100 萬名推銷房地產、保險和證券等產品的銷售人員。還有像 Tupperware、玫琳凱和雅芳等公司擁有的幾百萬直接面對消費者的推銷人員。

可以說，各種類別的銷售人員的範圍包括從零售店的小時工到受過高等教育的、經過專業化培訓的華爾街股票經紀人。一般來說，富於挑戰性的、直接面對消費者的銷售是指那些銷售無形產品的工作，如保險和財務服務等。

第二節　銷售主管要理解銷售人員職責

人員推銷是一種生產性活動。企業的人員推銷形式可以有兩種，一種是建立自己的銷售組織，使用本企業的銷售人員來銷售產品。銷售組織中的人員可稱為銷售員、銷售人員、銷售代表、業務經理、銷售工程師等。這種銷售人員又可分為兩部份：一部份是內部銷售人員，一般在辦公室用電話等聯繫，洽談業務，並接待購買者來訪；另一部份是外勤銷售人員，他們外出銷售，上門訪問顧客。

另一種人員推銷形式是使用合約銷售組織，如製造商的代理商、銷售代理商、經紀人等，按照其代理銷售金額付給佣金。

不同的產品，不同的銷售崗位，對銷售員性格的要求會有所差異。例如，銀行的櫃台營業員的個性，與信貸業務人員的性格就有所差異。

人員推銷方式是一種溝通方式，與其他促銷方法相比，具有如下特點：

其一，靈活性。銷售人員在不同的環境下，可根據不同潛在顧客的需求和購買動機，及時調整自己的銷售策略，解答顧客的疑問，滿足顧客的需要。

其二，選擇性。銷售人員可以選擇那些具有較大可能購買產品的顧客進行拜訪，並可事先對潛在顧客作一番研究，擬定具體的銷售方案，因而可提高銷售的成功率，減少無效拜訪。

其三，完整性。銷售人員從尋找顧客開始到接觸、磋商，最後達成交易，獨立承擔了整個銷售階段的任務。此外，銷售人員還可承擔售後服務的功能。

其四，長遠性。有經驗的銷售人員可以使買賣雙方超越純粹的商品貨幣關係，建立起一種友誼協作關係，這種親密的長期合作關係有助於銷售工作的開展。

根據美國市場行銷協會定義委員會的解釋，所謂人員推銷是指企業透過派出銷售人員與一個或一個以上可能成為購買者的人交談，作口頭陳述，以銷售商品，促進和擴大銷售。銷售人員在銷售過程中，要確認購買者的需求，透過自己的努力去吸引和滿足購買者的各種需要，使雙方能從自願的交易中獲取各自的利益。

雖然由於銷售對象的差別對銷售工作和銷售人員的要求不同，銷售人員的具體活動也不盡一致，但一些基本的銷售工作是絕大多數銷售人員都應該完成的，具體說來有以下幾項：

1. 收集信息資料

銷售人員在實際銷售前，銷售人員必須瞭解和掌握與銷售工作密切相關的信息和資料，如企業的基本銷售目標、經營方式、信貸條件和交貨期限等；必須掌握有關產品的全部知識，能向顧客說明購買和使用本企業產品所能得到的效益及產品的售後服務情況；必須瞭解競爭對手的產品線與本企業的區別、競爭對手的市場行銷戰略和戰術等。總之，銷售人員對產品市場方面的情況掌握得越多，就越能把銷售工作做好。

2. 制定銷售計劃

銷售人員掌握了必需的信息資料之後，就應著手做好銷售前的準備工作，制定銷售計劃。

3. 尋找與發現市場

尋找企業產品的潛在市場是推銷員的首要職責。潛在市場是指對企業產品存在需求，但尚未被企業發現的市場。潛在市場是企業的希望所在，是推銷員工作的一項重要任務。推銷員在滿足現實市場需要的前提下，應時刻注意對潛在市場的尋找與開發。

4. 進行實際銷售

在實際銷售過程中，銷售人員要爭取引起購買者的注意和興趣，增進購買者的購買慾望；利用提供產品鑑定證明，示範使用產品，請購買者親自試用產品等方法，以取得顧客的信任；善於正確處理反對意見，並運用一些策略和技巧達成交易。

推銷員的日常工作就是開展具體的推銷業務，進行顧客資格審查、約見顧客洽談協商、簽訂合約、辦理交易，對推銷活動進行及時總結，對推銷業務和顧客資料進行建卡歸檔等工作。

5. 做好售後服務

在產品銷售出去以後，銷售人員還必須與顧客保持經常的聯繫並繼續為其服務；定期瞭解顧客對產品的意見和建議，並採取改進措施，充分履行安裝、維修、退貨等服務方面的保證。

第三節 銷售主管應該要懂的推銷方格理論

以提倡「管理方格」理論而聞名管理學界的美國布列克教授（Robert R. Biake）和蒙頓教授（J. S. Monton）倡導新的推銷技術——「推銷方格」（Sales Grid），這種技術被譽爲是推銷學基本理論上的一大突破。這種理論可以使推銷人員更清楚地認識，開發自己的能力，也可以幫助推銷人員更進一步瞭解他的顧客，進而改善自己的工作績效。

推銷工作的最終任務是盡力說服顧客，達成交易。在具體的推銷活動中，有三個基本的要素，即：營業員、顧客、推銷物（產品、服務或觀念）。在推銷過程中，任何一個要素都會關係到推銷工作的失敗。

當一個推銷人員在進行推銷工作的時候，至少有兩種念頭會存在心中：一個念頭是想到如何達成銷售任務，另一個念頭是想到如何與顧客建立友善的關係。例如說甲向乙推銷產品，甲當然希望能够賣出去，但是另外一方面他也希望能够讓顧客留下一個很好的印象。

在推銷工作進行中，前一個念頭所關心的是「銷售」，後一個念頭所關心的是「顧客」。這兩種念頭的强度有時候都很高，有時候則可能一個比較高，另一個比較低。因此，這兩個目標不同程度上的組合，便形成不同的推銷心態。假若將這兩個不同的概念以縱橫兩軸來表達，所得的圖形就是「方格理論」了。

圖中的橫坐標表示銷售員對銷售關心的程度，縱坐標表示銷售員對顧客關心的程度。橫坐標和縱坐標的座標值都是由 1 到 9 逐漸增大，座標值越大，表示關心程度越高。

圖中的各交叉點，代表各類銷售員的各種不同的推銷心理狀態。布列克和蒙頓利用這個方格把銷售工作者的心態分爲五種類型。

圖 1-3-1　推銷方格理論圖

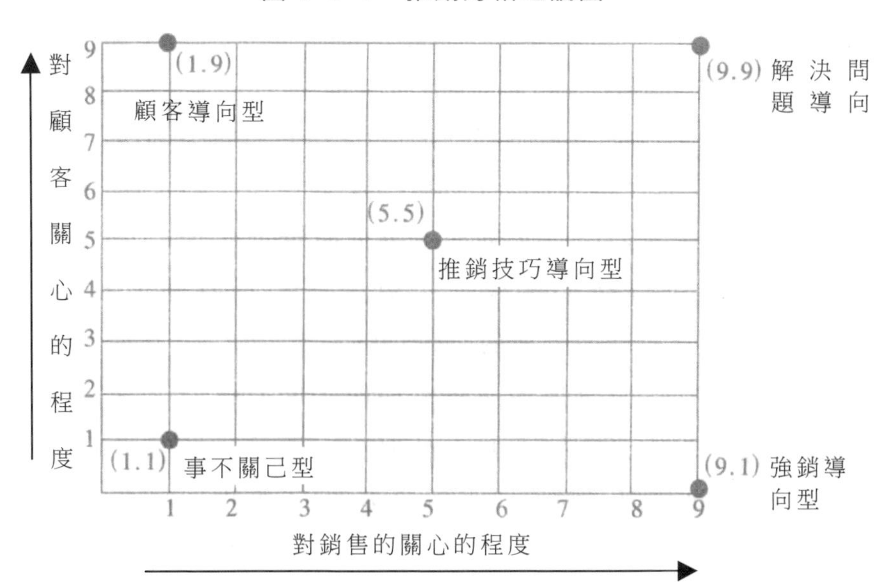

(一)第 1 層次的推銷方格理論

什麼是推銷方格呢？推銷人員在推銷活動中有兩個目標，一是盡力說服顧客購買以更好地完成推銷任務；二是盡力迎合顧客的心理活動，贏得顧客滿意，與顧客建立良好的人際關係。這兩個目標的側重點不同，前者關心「銷售」，後者強調「顧客」。推銷人員對這兩個目標所持的態度不同，追求這兩種目標的心理願望的程度也就不同，最終導致推銷人員的推銷業績不同。若把推銷人員對這兩個目標的追求用一個平面坐標系第一象限的圖形表示就形成了「推銷方格」。

1. 事不關己的(1，1)型

位在左下角的位置，即推銷方格中的(1，1)型。處於這種心態的推銷人員既不關心自己的推銷任務能否完成，也不關心顧客的需求和利益是否得到滿足。

其具體表現在：沒有明確的工作目的，工作態度冷漠，缺乏必要的責任心和成就感；他們對顧客缺乏熱情，顧客是否購買產品與己無關，偶爾進行推銷也是靠關係和回扣來維繫，從不做推銷調研和總結工作。這種類型的推銷人員在顧客當中的形象很壞，對推銷工作沒有任何幫助。

產生上述心態的主要原因可能是推銷人員沒有正確的人生觀，缺乏進取心；工作中遭遇過挫折，有職業自卑感；公司管理制度不夠健全，沒有適當的激勵和獎懲制度等。要改變這種推銷心態就必須找出問題的根源，對症下藥，對適合做推銷工作的人員進行鼓勵，激發其積極性；對不稱職的推銷人員唯有進行撤換，以提高推銷工作的效率。

2. 顧客導向的(1，9)型

位在左上角的位置，即推銷方格中的(1，9)型。處於這種推銷心態的推銷人員只關心顧客，不關心銷售任務。

其具體表現在：過分注重與顧客建立和保持良好的關係，關注對顧客的感情投資，盡可能照顧到顧客的意願和情緒，事事隨顧客心意，避免把自己的意願強加給顧客，恪守「寧可做不成生意，也決不得罪顧客」的信條。這類推銷員只重視建立與顧客之間的良好關係，而忽視了推銷任務的完成，不利於企業效益的提高，他們不會成為一個好的推銷人員。

產生這種心態的主要原因，可能與推銷人員的性格、推銷信心不足、對推銷工作的認識有誤等有關。該問題若得不到解決，不僅會喪失企業經營的原則，損害企業利益，也無法真正贏得顧客擁戴。

3. 強力推銷的(9，1)型

位在左下角的位置，即推銷方格中的(9，1)型，也稱推銷導向型。處於這種推銷心態的推銷人員具有強烈的成就感與事業心。這種推銷人員的心態與顧客導向型正好相反，只關心銷售任務的完成，不關心顧客的購買心理、實際需要和利益。

其具體表現在：他們工作熱情高，以不斷提高推銷業績為追求目標，為完成推銷任務他們千方百計地說服顧客購買，不惜採用一切手段強行推銷，缺乏對顧客需要及心理的研究，習慣按自己的方式高壓推銷產品。

這種人只知道關心推銷效果，而不管顧客的實際需求與購買心理。達成銷售任務是他最關心的焦點，他具有較高的成就感、「成就欲」，爲了證明自己的推銷績效，千方百計說服顧客達成交易，他們常常向顧客發起强大的攻堅心理戰，積極地向顧客進行推銷，并且不斷向顧客施予購買壓力。這類型的人員，攻堅能力是很强的，在與顧客周旋之際，他們會以豐富的知識專業的技能作武器去壓倒同行競爭者，取得成功。假若顧客對競爭者的產品已具有好感時，顧客通常是不會欣賞這一類推銷員的作風的，因為他對顧客的不關心和尊重不會長時間贏得顧客的好評的。

4. 推銷技巧的(5，5)型

位在正中央的位置，即推銷方格中的(5，5)型，也稱幹練型。處於這種推銷心態的推銷人員既關心推銷任務的完成，也關心顧客的滿意程度。

其具體表現在：推銷心態平衡，工作踏踏實實，穩紮穩打；對推銷環境心中有數，充滿信心；注意研究顧客心理和積累推銷經驗，講究運用推銷技巧和藝術；在推銷中一旦與顧客意見不一致，一般採取妥協，避免矛盾衝突。他們能夠非常巧妙地說服一些顧客購買。

這種心態稱之爲「推銷技巧導向型」(sales technique oriented)。這種人比較踏實，而且能認清現實環境，既關心推銷效果，也關心顧客，預測市場趨勢能力很强，他們清楚地知道一味取悅于顧客未必能達成銷售，而一味的强銷也可能反而引起不良後果。他們往往事前作準備，研擬一套完全可行的推銷技巧與方案，穩打穩扎，四平八穩，力求成交，并且要從日常工作中吸引經驗，從經驗中吸引教訓，以求長期順利的達成銷售目標。

這種人比較沈穩，思想細膩，做事舉一反三，既不願意丟掉生意，也不願意丟掉顧客，當他們與顧客意見相左時，他會采取折衷的方法，以和爲貴，儘量避免出現不愉快的情況，以便以達成目標爲目的。總體說來，這類銷售員在產品知識上僅足以應付一般的銷售情況，對競爭者的知識僅略知一二，因此，這一類型的推銷工作者往往能指出競爭者產品的缺點，否定競爭者產品的優越性，但在指責別人不足之時，也忽略了自己產品的所具有的同樣缺點，顧客往往會迷惑不解，不會取得長久的效果。

5. 解決問題的(9，9)型

位在右上角的位置，即推銷方格中的(9，9)型，是解決問題型，也稱滿足需求型。處於這種推銷形態的推銷人員對顧客的需要和滿足，以及對推銷任務的完成都非常關心，他們的推銷心態是極佳的。

其具體表現在：有強烈的事業心和責任感，真誠地關心和幫助顧客，工作積極主動，不強加於人；他們既瞭解自己，也瞭解顧客，既瞭解推銷產品，也瞭解顧客的真正需要，積極尋求滿足顧客和推銷人員需求的最佳途徑；他們注意研究整個推銷過程，總是把推銷的成功建立在滿足顧客需求的基礎上，針對顧客的問題提出解決的方法，最大限度地滿足顧客的各種需求，同時取得最佳的推銷效果。

這種(9，9)類型的推銷人員能審時度勢，在幫助顧客解決問題的同時完成自己的推銷任務。滿足顧客的真正需要是他們的中心，輝煌的推銷業績是他們的目標。他們力求在滿足顧客和推銷人員需求的過程中找到二者最好的結合點和經濟利益的最大增長點。這種推銷心態才是最佳的推銷心態，處於該種心態的推銷人員才是最佳的推銷人員，是銷售主管最重視的人才，培養具有這種心態的推銷人員的關鍵是，不斷提高推銷人員的自身素質，樹立正確的推銷觀，真正認識到推銷工作的實際意義和社會責任。

第四節 瞭解顧客的方格理論

要把產品轉變成利潤，就必然與消費者（顧客）聯繫，你既然瞭解了自己是哪一類型的銷售員，對自己的長短之處都有明顯的瞭解，但你在與顧客打交道中，你還需進一步瞭解顧客的心態，即使你的推銷能力再強，但也存在著影響顧客的購買決定的因素，如果你瞭解這些因素，再針對這些因素相應攻堅，那麼你的顧客群體也越來越大，業績也會越來越高。

什麼是顧客方格呢？推銷過程是推銷人員與顧客的雙向心理作用的過程。在推銷活動中，推銷人員的推銷心態和顧客的購買心態，都會對對方的心理活動產生一定的影響，從而影響其交易行為。因此，推銷人員還必須深入研究分析顧客的購買心理，因人而異地開展推銷活動。

一般來說，顧客對待推銷活動的看法分爲兩個主要方面：一是顧客對待購買活動本身的看法；二是顧客對待銷售員的看法。當一個顧客從事實際購買行爲的時候，他心裏至少裝有兩個明確的目標，一是希望與銷售員討價還價，希望以有利的條件達成交易，二是希望與銷售員建立良好的人際關係。在具體的購買活動中，顧客追求這兩個目標的心理願望强度也是各不相同的，有時候，這兩個目標是一致的，有時比較注重追求其中的一個目標。當然，銷售員的心態和顧客的購買心態也不是一成不變的。

顧客在與推銷人員接觸和購買的過程中，會產生對推銷人員及其推銷活動和對自身購買活動兩方面的看法。這就使他們在購買產品時，頭腦中都有兩個具體、明確的目標：一是希望通過自己的努力獲得有利的購買條件，他們與推銷人員談判並討價還價，力爭以盡可能小的投入獲取盡可能大的收益，完成其購買任務；二是希望與推銷人員建立良好的人際關係，為日後長期合作打好基礎。這兩個目標的側重點有所不同，前者注重「購買」，後者注重「關係」。在具體的購買活動中，顧客的情況千差萬別，每個顧客對這兩個目標的重視程度和態度是不一樣的，若把顧客對這兩種目標的重視程度用一個平面坐標系中第一象限的圖形表示出來，就形成了「顧客方格」(見圖 1-4-1)。

圖 1-4-1　顧客方格圖

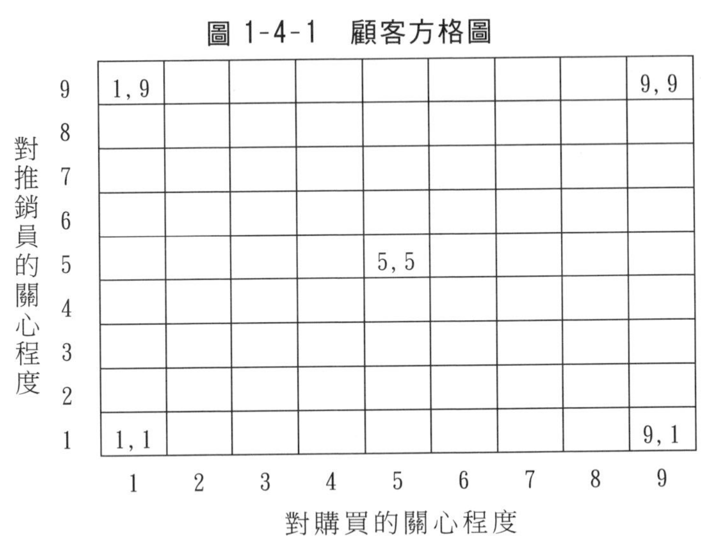

顧客方格圖中的縱坐標表示顧客對推銷人員的關心程度，橫坐標表示顧客對購買的關心程度。縱、橫坐標各分為 9 等份，其座標

值都是從 1 到 9 逐漸增大，座標值越大，表示顧客對推銷人員或購買的關心程度越高。顧客方格中的每個方格分別表示顧客各種不同類型的購買心態。顧客方格形象地描繪出顧客對推銷人員及自身購買任務的關心程度的 81 種有機組合，它作為研究顧客購買行為和心態的理論，對推銷人員瞭解顧客態度，與顧客實現最佳的配合，學會如何應付各種不同類型的顧客，爭取推銷工作的主動權，提高推銷工作的效率具有重要意義。

在眾多的顧客心態中，其中具有代表性的有以下五種類型，即漠不關心型、軟心腸型、防衛型、幹練型和尋求答案型。

1. 漠不關心型

即顧客方格圖中的(1，1)型。處於這種購買心態的顧客對上述兩個目標的關注程度都非常低，既不關心自己與推銷人員的關係，也不關心自己的購買行為及結果。他們當中有些人的購買活動有時是被動和不情願的，購買決策權並不在自己手中。其具體表現是：受人之托或奉命購買，自身利益與購買行為無關，無決策權，缺乏熱心及敬業精神，怕擔責任，多一事不如少一事，往往把購買的決策權推給別人。

這種心態的顧客把購買活動視為麻煩，充其量做到例行公事，對能否成交、成交的條件及推銷人員及其所推銷的產品等問題漠然處之。這類顧客很難打交道，向這類顧客推銷產品是非常困難的，推銷成功率是相當低的。對此，推銷人員應先從情感角度主動與顧客接觸，瞭解顧客的情況，再用豐富的產品知識，結合顧客的切身利益，引導其產生購買慾望和購買行為。

2. 軟心腸型

即顧客方格圖中的(1，9)型，也稱情感型。處於這種購買心態的顧客非常同情推銷人員，對自己的購買任務和行為卻不關心。其具體表現是：這類顧客非常注重情感，不重視利益，容易衝動，容易被說服和打動；重視與推銷人員的關係，重視交易現場的氣氛，缺乏必要的產品知識，獨立性差等。當推銷與購買發生衝突時，為了能與推銷人員保持良好的關係，或者為了避免不必要的麻煩，他們很可能向推銷人員作出讓步，吃虧地買下自己不需要或不合算的產品，寧肯花錢買推銷人員的和氣與熱情。

這類顧客重感情，具有人情味，比較輕理智，他們對于推銷人員的言談舉止十分在意，但對于購買本身却十分馬虎，他們對銷售現場氛圍十分敏感，對產品本身興趣不多，這種顧客往往容易感情用事。產生這種購買心態的原因很多，多半是由于顧客同情推銷員的工作，也可能出于顧客的個性心理特徵。

這種類型的顧客在現實生活中也並不少見，許多老年人和性格柔弱、羞怯的顧客都屬於此類顧客。因此，推銷人員要特別注意感情投資，努力營造良好的交易氣氛，以情感人，順利實現交易的成功。同時，推銷員也應保護這類人的基本利益，否則容易損害組織和推銷員個人的長遠利益。

3. 防衛型

即顧客方格圖中的(9，1)型，也稱購買利益導向型。處於這種購買心態的顧客恰好與軟心腸型的購買心態、態度相反。處於這種心態的顧客只關注自己的購買行為和利益的實現，不關心推銷人員，甚至對推銷人員抱有敵視態度。他們不信任推銷人員，本能地採取防衛的態度，擔心受騙上當，怕吃虧。其具體表現是：處處小心謹慎，精打細算，討價還價，對推銷人員心存戒心，態度冷漠敵對，事事加以提防，絕不讓推銷人員得到什麼好處。

這類顧客一般缺乏獨立見解，優柔寡斷，人云亦云。傳統的偏見，固執的認爲推銷員都是些耍嘴皮子不幹實事的人，本能的表示反感。他們拒絕推銷，幷不一定是因爲他不需要所推銷的產品，而是他根本就不能接受推銷員所進行的推銷工作。

這類顧客的生意比較難做，即使最終成交，企業的盈利也微乎其微。這種購買心態的產生，可能與顧客的生性保守，優柔寡斷，或傳統偏見及受騙經歷等有關。他們拒絕推銷人員，完全是出於某種心理，而不是不需要推銷的產品。對此，推銷人員不能操之過急，而應先推銷自己，以誠待人，以實際行動向顧客證明自己的人格，贏得顧客對自己的信任，消除顧客的偏見，然後再轉向推薦推銷的產品，努力達成交易。

4. 幹練型

即顧客方格圖中的(5，5)型，也稱公正型。處於這種購買心態的顧客既關心自己的購買行為，又關心推銷人員的推銷工作。他們購買時頭腦冷靜，既重理智又重感情，考慮問題週到，他們一般都具有一定的產品知識和購買經驗，購買決策時非常慎重。其具體表現是：樂於聽取推銷人員的意見，自主作出購買決策，購買理智、冷靜、自信心強，購買決策客觀而慎重。這類顧客有時會與推銷人員達成圓滿的交易，買到自己滿意的產品。這是一種比較合理的購買心理。具有該種心態的顧客一般都很自信，甚至具有較強的虛榮心。他們有自己的主見，有自尊心，不願輕信別人，更不會受別人的左右。對此，推銷人員應設法用科學的證據和客觀的事實，說服顧客或讓其自己去作判斷決策，若能在顧客採取購買行動時再讚賞幾句，會收到很好的推銷效果。

這種顧客常常根據自己的認識和別人的經驗來選擇廠牌、數量。他們既關心自己的購買行爲，也關心推銷員的工作，這種顧客比較冷靜，每一個購買決策都經過客觀的判斷。這種顧客即尊重推銷員的人格，也竭力維護自己的購買人格，他們既重感情，也重理智，他們願意聽取銷售員的意見，但又不輕信推銷員的允諾，既不拘泥于傳統的偏見，虛榮心較强，比較自信，容易隨著潮流流行風走。

5.尋求答案型

即顧客方格中的(9，9)型，也稱專家型。處於這類購買心態的顧客既高度關心自己的購買行動，又高度關心推銷人員的推銷工作。他們在考慮購買產品之前，能夠非常理智地對產品進行廣泛的調查分析，既瞭解產品品質、規格、性能，又熟知產品的行情，對自己所要購買產品的意圖十分明確；他們對產品採購有自己的獨特見解，不會輕易受別人左右，但他們也十分願意聽取推銷人員提供的觀點和建議，對這些觀點和建議進行分析判斷，善決策又不獨斷專行。

這類型的銷售員工作積極主動，但又不强加于人，他們善于研究和掌握顧客的購買心理，發現顧客的真實需求，然後有針對性的推銷，利用自己所推銷的產品或服務，幫助顧客解決問題，消除煩惱，同時也完成了自己的銷售任務。當雙方意見發生分歧時，這類推銷員會盡力提出理由幷一起針對事件進行研究，以期獲得有關資料和最後找尋解決的方法，他很少發怒，并具有幽默感，明白知識對說服別人的重要性，他經常學習上進，并善于對事物仔細分析，深入探研有關產品的品質。他們經常協助顧客作出精明的購買決策，而這一決策長期會給顧客帶來最大的利益。他會與顧客一起工作，找出最能令顧客滿意的服務和產品。

這種推銷員最理想，是企業的中堅力量，是銷售隊伍的生力軍。

這種購買心態的顧客是最成熟、最值得稱道的顧客。他們充分考慮推銷人員的利益，尊重和理解他們的工作，不給推銷人員出難題或提出無理要求；他們把推銷人員看成是自己的合作夥伴，最終達到買賣雙方都滿意。對這類顧客，推銷人員應設法成為顧客的參謀，瞭解顧客的需求所在，主動為顧客提供各種服務，加強雙方合作，盡最大努力幫助他們解決問題，實現買賣雙方的最大收益。

這種類型的顧客是真正最成熟的購買者，對于這種顧客，推銷員應該認真分析其問題之關鍵所在，真誠爲顧客服務，幫助顧客解決實際的問題，這樣，既可以提高推銷的工作效率，又可以滿足顧客的實際需要。

第五節　銷售主管要改善推銷員的推銷心態

推銷的成功與失敗，不僅取決於推銷人員的工作態度。總結出推銷人員方格與顧客方格的關係。從推銷方格和顧客方格可知，推銷人員與顧客的心態多種多樣，在實際推銷活動中，任何一種心態的推銷人員都可能接觸到各種不同心態的顧客。那麼，推銷人員與顧客的那兩種心態類型的搭配會實現推銷活動的成功呢？

究竟什麼樣的推銷心態最好呢？從上述介紹中，無可否認的，是愈趨向于 9.9 型（即：解決問題導向型）心態的推銷員愈能達成有效的銷售。因此，每一個推銷人員都應該把自己訓練成爲一個「對銷售高度關心、對顧客高度負責」的「問題解決者」，這種類型的心態培養是很重要的。但是，并非只有具備這種心態的人才能達成有效的推銷，因爲從顧客方格中的五種類型加以比較，不難發現雖然推銷心態 1.9 型（即：顧客導向型）雖然不太現實，但是如果遇到的是 1.9 型（即：軟心腸型）的顧客，一個是對顧客非常熱心，另一個是心腸比較軟，兩個物件如果是遇到一起，惺惺相惜之下，銷售任務照樣可以圓滿完成。

表 1-5-1　推銷方格心態

推銷方格＼顧客方格	1.1	1.9	5.5	9.1	9.9
9.9	+	+	+	+	+
9.1	0	+	+	0	0
5.5	0	+	+	−	0
1.9	−	+	0	−	0
1.1		−	−	−	−

至于哪一類型的推銷心態搭配，適合哪一種顧客呢？下面列出一個搭配表。下表中「十」號表示該搭配可以有效的達成銷售任務，「一」號表示該搭配不能完成銷售任務，最後「0」號則表示兩個心態并無相關，該搭配可能達成也可能不達成有效的推銷任務，這表示有效推銷未必是該搭配的後果，其成功的原因可能是由于一些其他因素所影響的。

所以，顧客方格和推銷方格對銷售員來說，瞭解自己的推銷能力是很有幫助的，倘若你是一位（9.9）型的推銷員，你當然已具相當高的推銷能力，你在推銷中可能已能很好的達成目標。但假設你不是（9.9）型，你仍可以有很高的推銷能力。當然，不以成敗論英雄這時主要看看你的顧客是什麼樣的心態了。假若你是屬于（1.1）型，那麼你便應自我檢討，重新學習，不斷用專業知識與技能充實武裝自己，力爭更上一層樓。

建立銷售部門的組織

一個銷售部門的組織結構，必須有助於銷售人員和銷售經理高效地完成這些的必需活動。

建立一個適當的銷售組織結構很難，企業有多種不同類型的結構，企業制訂的公司戰略、業務戰略、行銷戰略和銷售戰略，必須由銷售執行的特定活動來保證其得到正確實施。

第一節　設置銷售部門組織的考慮狀況

一、專業化的考慮

專業化的基本理念，是透過集中在有限的活動中，使每個人可成為所從事任務的專家，從而使整個組織表現得更好，並取得更好的業績。

一個成功的銷售組織結構，必須保證所有要求的推銷和管理活動都得以實施，每位銷售人員能完成所有的推銷任務，每位銷售經理能實施所有的管理活動。銷售組織的結構非常複雜，在一定程度上要求專業化(specialization)，即某些銷售人員可以只負責推銷某些產品或只為某些客戶服務，某些銷售經理可以只負責培訓，另外一些人則負責計劃。

二、集權化的考慮

一個銷售組織內部的管理結構的重要特徵是其集權化(centralization)的程度，重要程度較高的決策和任務由較高的管理層次完成，一個集權化的結構就是權力和責任都在較高的管理層次。而當越來越多的任務由較低層次的管理人員完成時，這個組織就成為分權化組織。

集權化是一個相對的概念，因為沒有一個組織是完全的集權化或完全的分權化。組織通常對一部份活動實行集權，而對另外一些活動實行分權。

從交易到關係、從個人到團隊及從管理者到領導的發展趨勢對許多銷售組織的分權傾向有很大影響。銷售人員和銷售團隊內其他已接觸過客戶的成員必須能夠對客戶的需求及時做出回應。為此，必須授權銷售人員快速做出決策。分權化結構便於銷售人員在現場做出決策，並有助於與客戶關係的發展。

三、控制幅度與管理層次

控制幅度(span of control)是指向銷售經理彙報工作的下屬人數，控制幅度越大，銷售經理監管的下級數量就越多。

管理層次(management level)則指銷售組織內銷售管理的不同級別的數量。通常，控制幅度與管理層次的數量是反比關係。

在扁平型的銷售組織結構中，銷售管理層次非常少，每位銷售經理有相對較大的管理幅度。在高聳型結構中，管理層次較多，管理幅度較小。

扁平型組織結構常用於分權化組織，而高聳型組織結構則適用於集權化組織。

在較低層的銷售管理層次，傾向於增加控制幅度。因此，當一個人沿著組織圖從全國銷售經理到大區銷售經理，再到分區銷售經理，所直接監管的下屬數量呈直線增加趨勢。扁平型銷售組織只有 2 層銷售管理層次，全國銷售經理的控制幅度為 5 人。高聳型銷售組織有 3 層銷售管理層次，全國銷售經理的管理層次的管理幅度僅為 2 人。

圖 2-1-1 控制幅度與管理層次

扁平型銷售組織

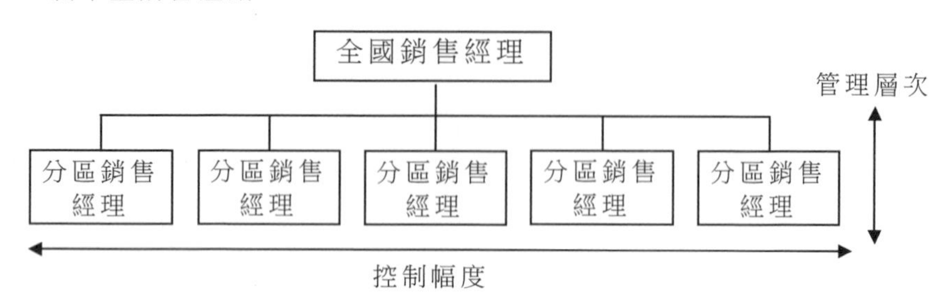

高聳型銷售組織

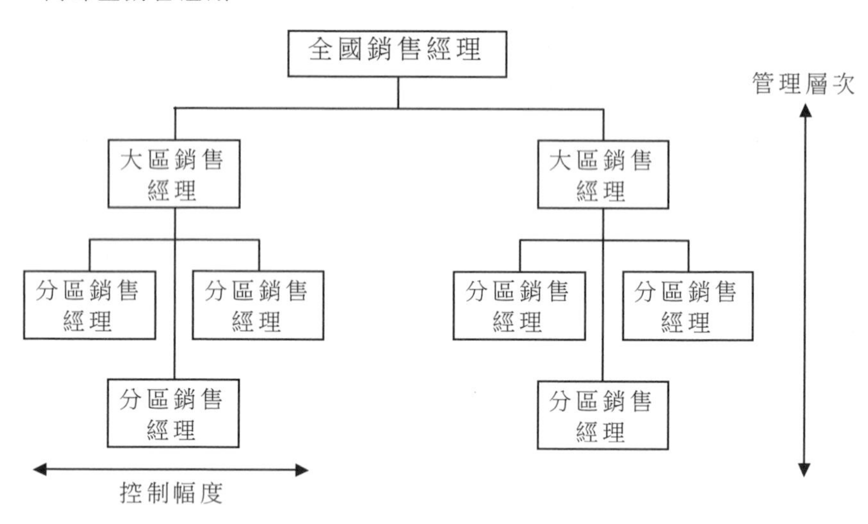

四、直線與職能劃分

銷售部門的管理職位，可分為直線制與職能制職位。

直線銷售管理(line sales management)職位是銷售組織內直接管理層次的部份。直線銷售經理對一定數目的下屬負有直接責任，並直接向銷售組織內下一個高層次的管理者報告。這些管理人員直接介入與銷售有關的活動，並在其中實施任何可能的銷售管理活動。

圖 2-1-2　直線制與職能制銷售管理

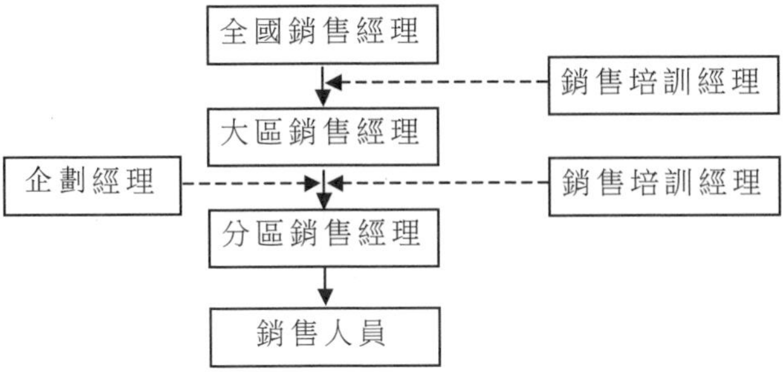

職能銷售管理(staff sales management)職位則不在銷售組織的直接命令鏈中。那些在職能位置的管理人員並不直接管理銷售人員，但他們要發揮一定的職能作用(如招聘和選擇、培訓銷售人員)。同時，他們也不直接介入銷售產生的各項活動。職能銷售管理崗位比直線銷售管理崗位更具有專業性。

直線制與職能制銷售管理的比較，大區和分區銷售經理都屬於直線制管理職位。分區銷售經理直接管理一線銷售人員，並且向特定的大區銷售經理彙報。而大區銷售經理管理分區銷售經理並向全國銷售經理彙報。

銷售培訓經理分別處在全國性和地區性兩個層次，分別負責兩個層次的銷售培訓項目。職能制的作用在於使銷售管理活動更具專業性，因為職能經理在某項銷售管理活動上都是專業人員。

總而言之，設計銷售組織是一項非常重要且複雜的工作。適當的專業化、集權化、控制幅度與管理層次，以及直線與職能位置的決策，這些決策以銷售情形為基礎。許多銷售組織轉向一些專業化類型，通常這個結構允許銷售人員重點關注特定類型的顧客。整個公司的規模縮小和結構重組已經對其銷售職能產生了影響，銷售管理的層次被削減，代之的是以更加扁平化且銷售經理控制幅度大大增加。這種結構重組已經影響了更加分權化的傾向，並且某些職能外包給銷售培訓公司，減少銷售培訓職能崗位。

五、實地的推銷情形

確定合適的銷售組織結構類型很重要，組織銷售隊伍並沒有絕對的最佳方法，合適的組織結構依賴於實際推銷情形的特徵。當銷售情形改變時，銷售組織的結構類型也需要隨之發生改變。

⑴銷售隊伍是否應該實行專業化？

⑵如果需要對銷售隊伍實行專業化，什麼類型的專業化最適合？

表 2-1-1　推銷情形因素與組織結構

組織結構	環境特徵	任務特性	績效目標
專業化	環境高度不確定性	非常規	適應性
集權化	環境低度不確定性	重覆性	有效性

圖 2-13　銷售隊伍專業化下顧客和產品的決定因素

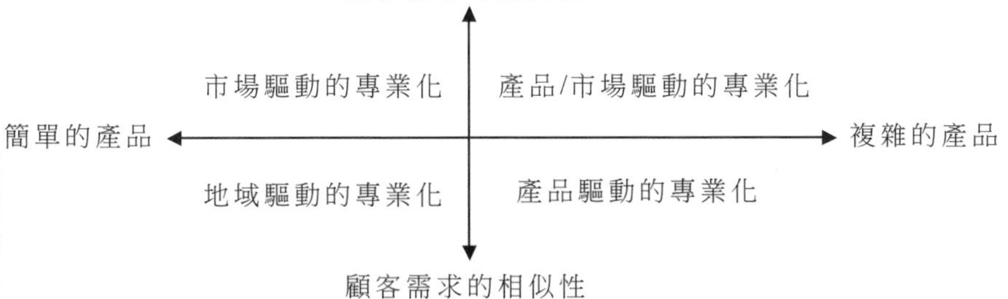

第二節　銷售部門的組織結構型式

銷售經理必須關心公司的組織結構，因為它幫助你完成工作。銷售經理要和不同的部門及公司層級接觸，譬如財務部門、市場部、運輸部門等。另外和生產、研究開發、行政及其他部門也有經常但穩定的接觸機會，只有這樣才能保證客戶能受到滿意的服務。

設計銷售組織結構要求將專業化、集權化、控制幅度與管理層次、直線幕僚等最優化進行整合，幾種基本的、最常用的方法，如下：

一、地域型銷售組織

大多數銷售隊伍採用一些地域專業化(geographic specialization)的組織，這是最普遍的銷售隊伍類型。銷售人員常被分配到一個地理區域，在該區域內開展面向所有客戶的所有推銷活動。此種組織結構沒有按產品、市場或職能進行專業化劃分，這種類型的銷售隊伍除地域方面的專業化外，再無其他專業化分工。正因為缺乏專業化分工，所以不存在推銷努力上的重覆，所有地理區域和客戶僅由一位銷售人員負責。

圖 2-2-1　簡單的直線區域型銷售組織結構

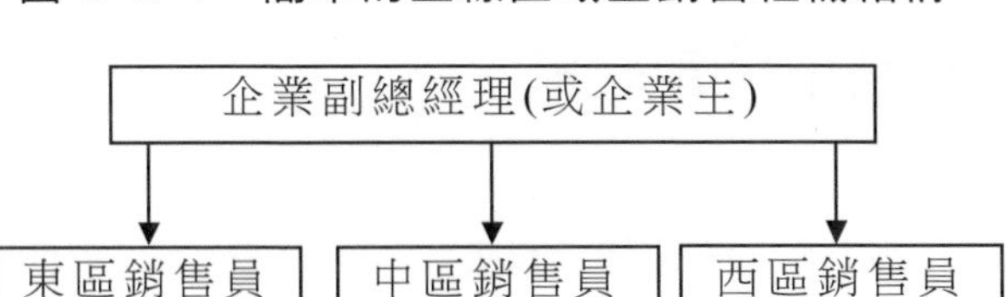

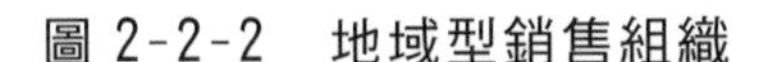
圖 2-2-2　地域型銷售組織

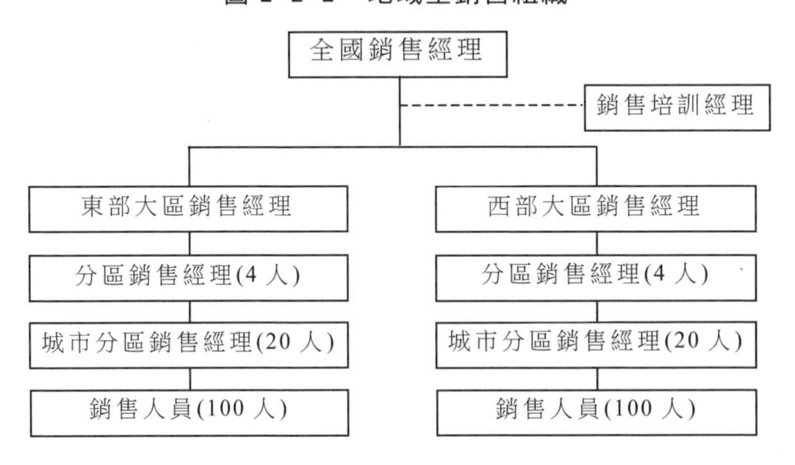

這例子中的結構是高聳型的，因此有些集權化。共有 4 層直線銷售管理層次，控制幅度相對較小，分別為：全國銷售經理(2 人)、大區銷售經理(4 人)、分區銷售經理(5 人)和城市分區銷售經理(5 人)。注意：這種銷售管理在銷售培訓方面的專業化是職能化結構。因為這種職能位置處於全國銷售經理層次，所以培訓活動傾向於集權化。

這種地域型銷售組織結構有 4 個管理層次，控制幅度較小，在全國層次有一個職能位置。

二、產品型銷售組織

所謂產品型銷售組織結構，就是指公司按照不同產品或者不同產品群來組建銷售隊伍。

對那些有很多不同的產品線或者有幾條非常不同且複雜的產品線的公司來說，產品型銷售組織結構是最有效的組織形式。在那些產品極其複雜的公司，銷售員的工作負擔會呈幾何級數增加，這是因為他們除了必須熟悉自己的產品外，還必須瞭解競爭者的產品。產品跨行業太大，銷售員的行業知識跟不上，而複雜性又提高的話，就意味著銷售員若要覆蓋很寬的產品，銷售力量就會延伸得過細，並且，產品越複雜，客戶所要求的服務水準也就越高，如果不減少銷售員所負責的產品數，不用多長時間，銷售員就會不堪重負，銷售效率也會急劇降低。

例如，家電銷售隊伍、食品銷售隊伍，微小型企業、Internet 公司或者服務型公司，由於他們只專注一個區域市場，或者銷售員無須面訪客戶，或者面訪機會很少，所以後兩者的銷售一般採取電話銷售或者線上銷售，他們也會採取產品型銷售組織結構。

很多大中型企業，如製藥企業、金融銀行等行業，在通常情況下，會採取產品型和區域型組合的組織結構。

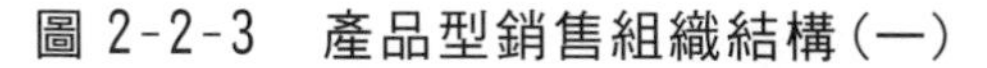
圖 2-2-3　產品型銷售組織結構(一)

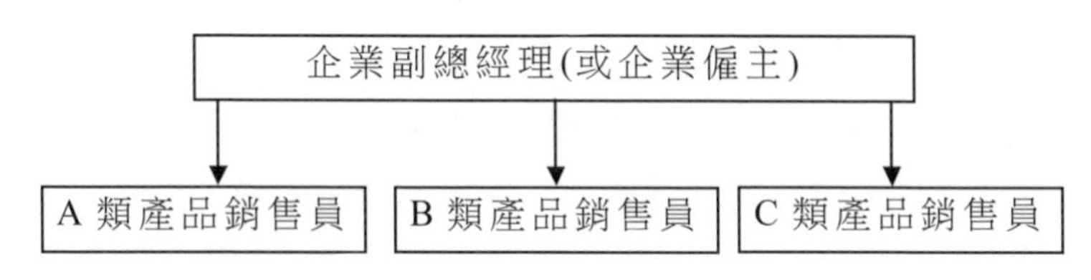

圖 2-2-4　產品型銷售組織結構(二)

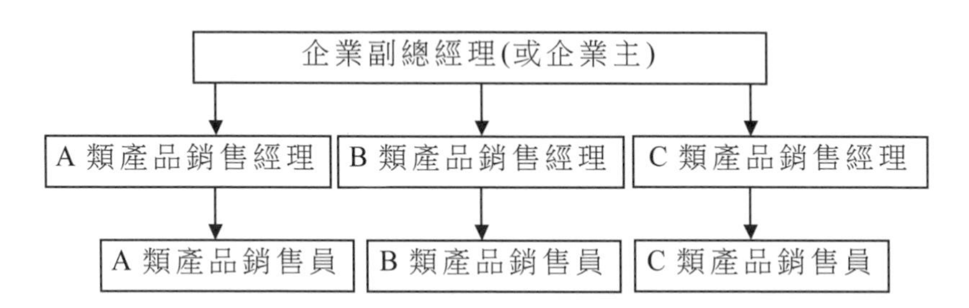

在產品型銷售組織結構中，要區分一個概念：產品銷售經理不等於產品經理，也不是產品品牌經理，更不等於產品總經理。產品經理或品牌經理，一般歸在市場部管理，他主要負責產品生命週期管理、產品市場運作管理、產品戰略規劃、產品定價等市場行銷工作，不管理產品的銷售管道工作和銷售活動工作。

當銷售以下產品時，公司會採取產品型銷售組織結構：

⑴產品的技術要求很高或者非常複雜，包括其使用也很複雜。

⑵產品相異且不相關。例如，橡膠製造公司可能就有三支銷售隊伍：卡車與自動裝置類銷售隊伍、橡膠鞋類銷售隊伍，以及膠帶、絕緣材料類銷售隊伍。

⑶多個產品的銷售無須出差，無須進行銷售區域劃分。例如，Internet 的在線銷售等。

⑷各類產品的銷售管道不一樣。例如，家用日化產品和工業用產品的銷售管道不相同。

⑸公司有多個產品已經上市，新的戰略性產品要上市、新上市產品的市場處在不成熟期或者產品在市場上面臨困境，需要單獨組織銷售力量。

圖 2-2-5　產品型銷售組織

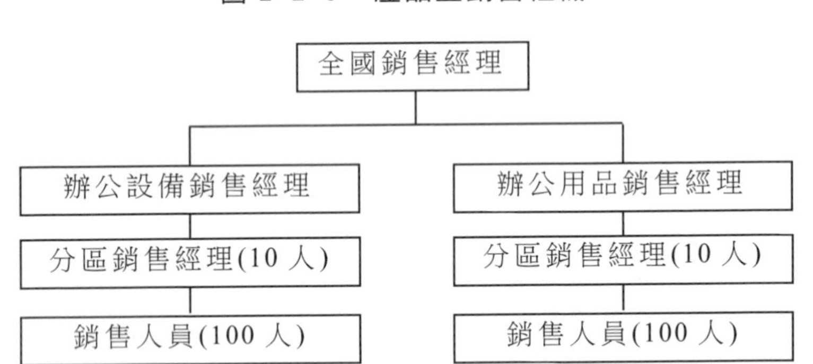

三、客戶型結構

市場競爭激烈，公司為尋找更為有效的方法來服務不同的細分市場，尤其是在產品標準化不強(例如新產品)、客戶需求各種各樣(或者不清晰或者客戶需要公司多個產品)、客戶行業差異很大的情況下，銷售員就必須成為處理某類客戶要求的專家。這時，公司經常採用客戶導向型的銷售組織結構，即客戶型銷售組織結構。

所謂客戶型銷售組織結構，就是按照客戶的類型、客戶行業或分銷管道，來劃分銷售組織的直線權力的銷售組織，例如，電腦公司建立金融行業銷售隊伍、電信行業銷售隊伍、政府系統銷售隊伍等。

這類組織結構中的銷售員，一般是客戶專家，在產品方面，通才性大於專業性。這類組織非常有利於銷售員進行交叉銷售(或關聯銷售)，把客戶的購買潛力做到最大化。這類組織的銷售員一般會受到客戶的歡迎，因為客戶只需要接待公司的一個銷售員即可，節省了客戶的時間。它適用於客戶差異比較大或者客戶競爭很激烈的市場情形。

圖 2-2-6　客戶型銷售組織結構(一)

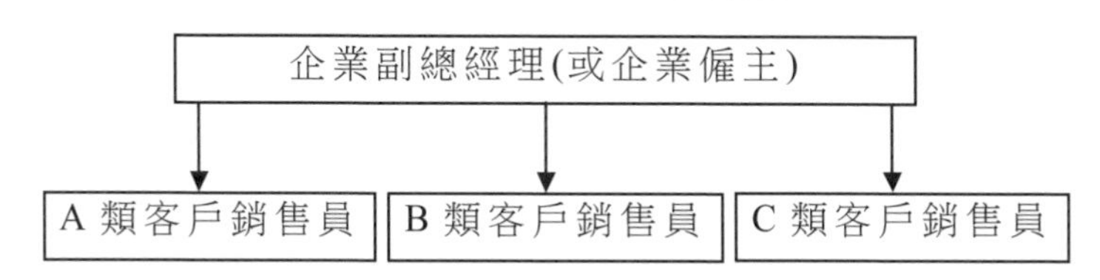

圖 2-2-7　客戶型銷售組織結構(二)

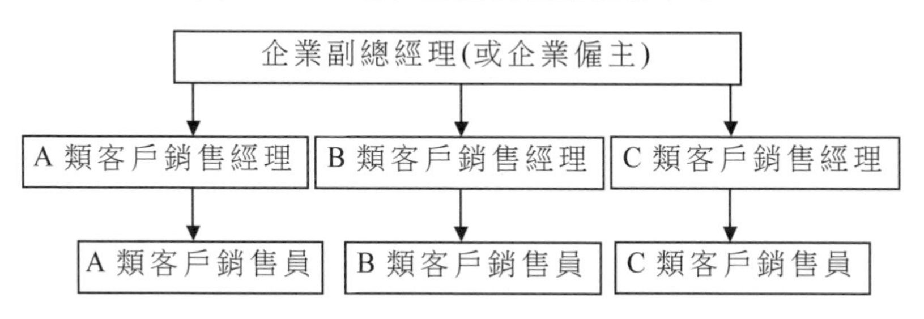

客戶型結構的銷售組織與其他類型的銷售組織一樣，有其優點，也有其缺點。其優點主要體現在能夠讓銷售員滿足不同客戶的不同需求，具有產品的廣度和客戶的深度的優勢。銷售員更熟悉某類客戶的需求，成為客戶專家(或行業專家)，知道客戶所在行業正在發生的事情，更瞭解客戶行業是怎樣變化的，更清楚客戶行業的變化趨勢。

公司能在不同的細分客戶中配置銷售力量等資源，銷售員因為更接近客戶，更容易引導公司開發新技術和新產品。

客戶型結構的銷售組織的缺點，主要體現在銷售員容易變成產品通才，或只對 1～2 個產品精通，而對某些產品的專業度不夠。與區域型結構相比，其出差成本相對較高(和產品結構型一樣)。與區域型結構相比，銷售員的銷售指標難以制定，銷售業績會因客戶的變化(如客戶破產或被併購)而發生巨大下跌，客戶的突發事件會給銷售考核帶來很大挑戰。

銷售員的變故，如銷售員的離職，一旦新銷售員接不上關係，客戶訂單將大大減少或消失。

四、市場型銷售組織

市場專業化(market specialization)是一種越來越重要的專業化類型。銷售人員被分配給指定的顧客，並且要滿足這些顧客的所有需求。其銷售人員專門為某一特定類型的顧客服務。市場專業化的基本目標是確保銷售人員理解顧客如何購買和使用公司的產品。然後，銷售人員應該努力更好地滿足顧客的需求。許多銷售組織都有很明顯的市場專業化的趨勢。

公司市場型銷售組織集中在客戶類型上，獨立的銷售隊伍分別服務於商業機構顧客和政府機構顧客，銷售人員針對某一類型顧客所需要的所有產品開展所有的推銷活動。這種安排避免了銷售力量的重合，因為只有一位銷售人員為一個指定的顧客服務。但是，幾個銷售人員可以在同一區域開展業務。

這種集權由於更多的管理層次、較小的控制幅度和專業化的銷售培訓職能。這個例子的結構提示了重要的一點，即一個銷售組織內的銷售隊伍專業化不必按照同一種方式確定組織結構。

圖 2-2-8　市場型銷售組織

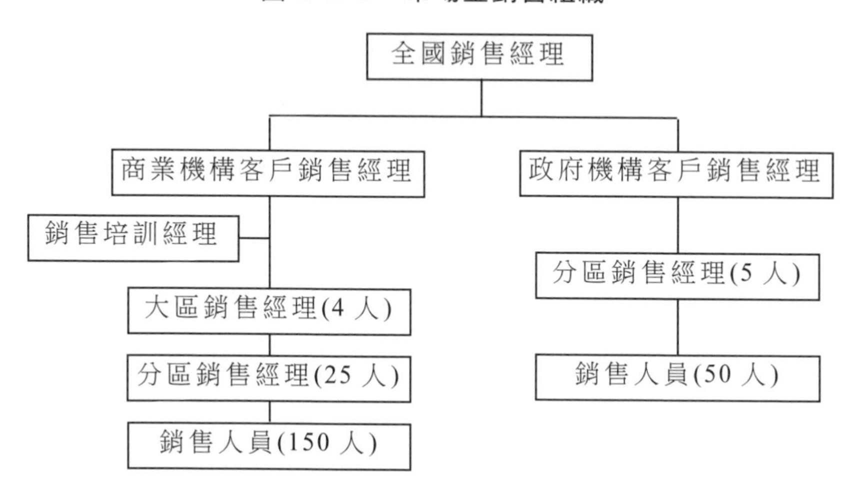

這種市場型銷售組織結構對其商業機構客戶的銷售隊伍的組織有別於對政府機構客戶的銷售隊伍的組織。商業客戶的銷售隊伍有 3 層銷售管理層次、較小的控制幅度和一個職能崗位。政府機構客戶的銷售隊伍有兩個銷售管理層次、較大的控制幅度，沒有職能崗位。

五、職能型銷售組織

專業化的另一種類型是職能專業化（functional specialization）。大多數推銷情形都要求開展多種推銷活動，所以讓銷售人員來專門從事特定的活動可能會有更高的效率。

許多公司正在採用一隻電話行銷銷售隊伍來取得競爭優勢、識別潛在顧客、進行裝運控制等，而外部銷售人員主要進行創造性的銷售活動。

職能型銷售組織的例子，在這種結構中，一線的銷售人員開展創造性的銷售活動，電話行銷人員主要開展客戶服務活動。儘管銷售隊伍覆蓋同一區域和同樣的客戶，電話行銷的應用可以降低人力重覆的成本。由內部電話行銷人員承擔的常規性和可重覆性的活動越多，外部一線銷售力量就能開展更多的非常規的和更具創造性的推銷活動。

圖 2-2-9　職能型銷售組織

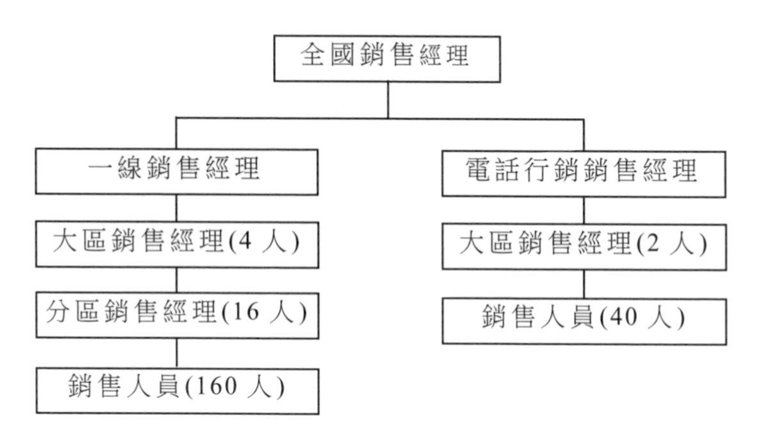

職能型銷售結構對其一線銷售隊伍的組織有別於對其電話行銷銷售隊伍的組織。一線的銷售隊伍有 3 個銷售管理層次、較小的控制幅度。電話行銷的銷售隊伍有兩個銷售管理層次、較大的控制幅度。兩類銷售隊伍都沒有職能崗位。

一線銷售隊伍比電話行銷人員更集權，但兩類銷售隊伍都傾向於分權化。只需兩個管理層次和兩位經理就可以管理 40 位銷售管理人員足以說明電話行銷的成本優勢。

六、各種銷售組織結構的比較

對銷售組織而言，合適的結構依賴於企業所面臨的推銷情形的特徵。表中可以很明顯地看出，一種結構的優點恰是其他結構的缺點，沒有地理位置的重合和顧客的重合是地域型組織結構的優點，卻是產品型和市場型結構的缺點。因此，許多公司採用混合型銷售組織(hybrid sales organization)結構，即把幾種基礎結構混合在一起。運用混合結構的目的是充分利用每種結構的優點，同時把缺點最小化。

表 2-2-1　銷售組織結構比較

銷售組織結構	優　點	缺　點
地域型	· 低成本 · 沒有地理位置重合 · 沒有客戶重合 · 較少的管理層次	· 有限的專業化 · 在重視產品或重點客戶方面缺乏管理控制
產品型	· 銷售人員在產品屬性和應用方面是專家 · 對分配給產品的推銷努力進行管理控制	· 高成本 · 地理位置上的重合 · 客戶重合
市場型	· 銷售人員對顧客獨特需求有較好的理解 · 管理層能控制所分配的不同市場上的推銷努力	· 高成本 · 地理位置上的重合
職能型	· 高效完成推銷活動	· 地理位置上的重合 · 客戶重合 · 需要協調

圖 2-2-10　混合型銷售組織結構

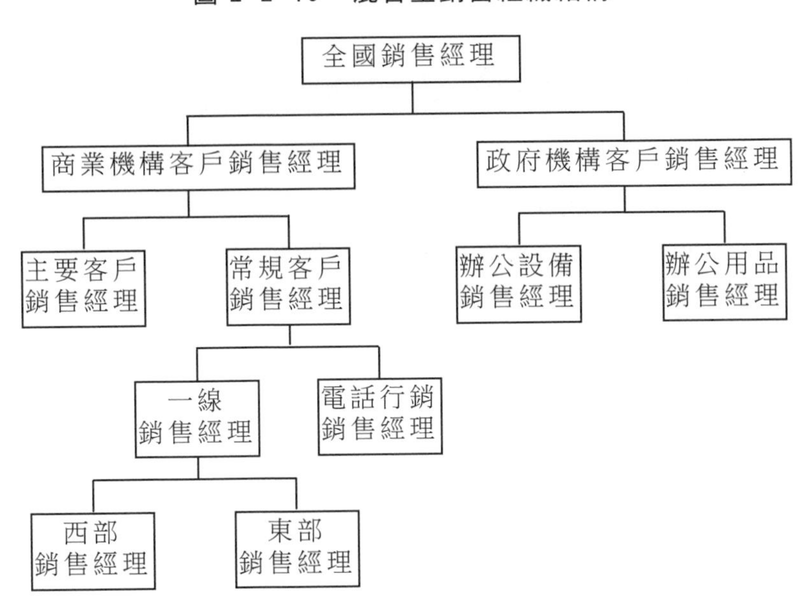

混合型銷售組織結構，這種結構非常複雜，因為它包括了地域、產品、市場、職能和主要客戶組織等部份。不同的結構類型能夠被合併成一個綜合的銷售組織結構。這個例子說明了任務的複雜性決定銷售組織結構。任務是非常重要的一點。銷售管理必須為其特殊的推銷情形確定適當的銷售組織結構，以確保組織和客戶戰略的成功實施。隨著公司開展全球化經營，這個任務變得越來越艱難。這種複雜的銷售組織結構綜合了市場、產品、職能和地理專業化。

第三節　決定銷售部門的規模大小

銷售人員是企業生產效率最高也是成本最昂貴的資產。銷售隊伍規模的大小是設計銷售組織結構的基本條件。然而，確定銷售人員的數量卻是一個兩難的問題：隨著銷售隊伍規模的擴大，一方面可以創造更多的銷售額，另一方面又會增加銷售成本。但是，銷售量的增加和人員推銷費用的增加並不成線性關係。在這兩方面尋求平衡顯得困難而且重要，因為它決定了銷售利潤水準。因此，科學合理地確定推銷人員的數量，對提高企業的行銷效率有直接的影響。

企業銷售隊伍的規模，決定了用於訪問客戶和（潛在客戶）的推銷努力的總量，銷售隊伍規模決定人員銷售努力的總體數量。因為每位銷售人員只能在一定時期做一定數量的銷售服務。銷售人員的數量乘以每位銷售人員的銷售服務次數就確定了總體可用的銷售次數。

一、決定銷售區域的大小

企業的生存環境是經常變化的，因此，企業必須根據環境的變化而不斷地調整銷售區域。銷售區域的劃分過程一般包括以下幾個環節(見圖 2-3-1)：

圖 2-3-1 銷售區域劃分各環節

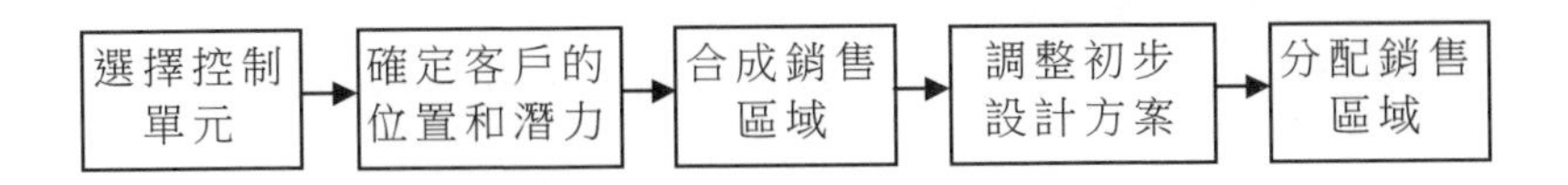

1. 選擇控制單元

區域設計的第一步是選擇控制單元。首先將整個目標市場(如整個市場)劃分為若干個控制單元。一般可以選擇國、省、市、區、州、縣等行政區域或郵遞區號區域作為控制單元。

控制單元應該儘量小一點，主要有兩個原因：第一，小單元有助於管理層更好地認識區域的銷售潛力；第二，小單元便於管理層進行區域調整。但是，控制單元也不能太小，否則會無謂地增加工作量。

劃分控制單元之目的，是為了將它們組合成銷售區域。劃分控制單元時常用的兩個標準是：現有客戶數和潛在客戶數。地理面積、工作量等也可以作為劃分標準。企業還可以根據本企業的實際情況設計劃分控制單元的標準。

2. 確定客戶的位置和潛力

選擇好控制單元後，管理層就應該在所選的控制單元中確定現有客戶和潛在客戶的分佈情況和潛力。現有客戶的識別可以透過以往的銷售記錄來獲得，而潛在客戶的識別可以透過外部管道來實現，例如有關機構，雜誌、報紙、電視等媒體，分類電話簿，信用評級機構，等等。

識別了客戶後，管理層應該評估企業期望從每個客戶那裏獲得的潛在業務量，然後，按照可獲得潛在利潤的大小對客戶進行分類。這為確定基本區域提供了很好的依據。

3. 合成銷售區域

銷售區域劃分的第三步是將鄰近的若干控制單元，組合成一個銷售區域。在這一過程中，設計者必須牢記劃分標準。如果以客戶數量為標準，在將鄰近的控制單元組合到該區域中時，一定要考慮各區域之間客戶數量的平衡。

依照劃分標準將每一個控制單元都組合到相應銷售區域之後，就完成了銷售區域的初步設計。

4. 調整初步設計方案

要保證市場潛力和工作量兩個指標在所有銷售區域的均衡，還應對初步設計方案進行調整，使修正後的方案優於初次設計方案。比較常用的有兩種方法：一是改變不同區域的客戶訪問頻率，即透過修改工作量的辦法來達到平衡，因為市場潛力已經達到平衡了；二是用試錯法連續調整各個銷售區域的控制單元以求得兩個變數同時平衡。如果還要兼顧更多標準，調整過程就更加複雜了。這種情況下一般採用「漸近法」：先將標準排出優先次序，例如先滿足工作量大致相等的要求，再考慮客戶數或地理面積的平衡。然後遵循上述步驟設計出滿足工作量平衡要求的初步方案，再用反覆試錯的方法滿足第二、第三標準的要求，逐步接近目標。手工作業很難做到十分精確，但有了電腦的幫助就不同了。

5. 將銷售員分配到銷售區域

銷售區域劃分的最後一步就是將銷售人員分配到特定的銷售區域中去，讓他們各盡所能，創造出最好的銷售業績，銷售人員所承擔的是工作任務組合。

銷售隊伍的規模是否適當，直接影響著企業的經濟效益。銷售人員過少，不利於企業開拓市場和爭取最大銷售額；反之，銷售人員過多，又會增加銷售成本。所以，要做好產品銷售，有合理的銷售人員規模。

二、決定銷售隊伍規模的工作負荷法

公司在決定最優銷售人員規模時，會遇到兩難地步，一方面，增加銷售人員規模可以提高銷售額；另一方面，人數的增加也意味著成本的增加。如何使兩者協調起來，並非易事。銷售區域最優數目的選定，取決於個別銷售區域的設計；將不同的客戶安排給不同的銷售人員，以及對指定的客戶進行不同方式的訪問，產生不同的銷售業績；銷售人員的訪問次數，直接影響著公司需要招聘的銷售人員數目，銷售隊伍的規模與銷售區域的劃分設計，存在著密切相關關係。

工作負荷法最基本的假定，是所有的銷售人員都承擔同樣的負荷工作量。這種方法需要管理者來統一估計目標市場所需要的工作量。它包括客戶的數目、每個客戶應訪問的次數和時間。這種方法共分六個步驟。

表 2-3-1　按地理銷售區域或客戶情況佈置銷售力量的結果調查

產品類型	佈置基礎	結果
醫療X光片	按銷售區域佈置銷售人員	毛利增加了131000元
廣告	按客戶分配銷售力量	利潤增加了11%～21%
家用器具	按交易區域佈置銷售力量	銷售增加了830000元
空運	按客戶佈置銷售力量	銷售增加了8.1%
消費品	減少銷售規模，按客戶佈置銷售人員	在維持現有銷售水準的同時降
	按地區和分銷管道佈置銷售人員	低了近50%的銷售力量
消費品	按客戶佈置銷售力量	銷售增加了70%
食品雜貨	在銷售隊伍規模減少的基礎上佈置	銷售增加了8%～30%
交通服務	銷售力量	在維持現有銷售水準的基礎
		上，銷售隊伍規模減少了10%
		～20%

1. 將公司所有的顧客進行分類

一般來說，分類是基於對每個顧客銷售水準的考慮。客戶類ABC 法則認為，公司 15%的客戶佔有公司 65%的銷售量，20%的客戶佔有公司 20%的銷售量，65%的客戶佔有 15%的銷售量。按銷售比例依次排列，最高的歸為 A 類客戶，中間的歸為 B 類客戶，最低的歸為 C 類客戶。雖然許多公司按銷售額對客戶進行分類，但也有按其他標準進行分類的。例如，公司可以根據客戶的業務類型、資信等級和產品線來對客戶進行分類。中國電信武漢市電信局，按照每個客戶的銷售潛量和所需要的技術程度來對客戶進行分類，以決定銷售力量的組合和分銷管道。但無論怎樣分類，最重要的一點是，任何分類都應反映不同類型的客戶所需要的不同類型的銷售力量，以便決定公司對每類客戶的吸引力。假定某一公司有 1030 名客戶，可以分成下列三種基本類型：

類型 A：大或非常有吸引力——200 名；

類型 B：中等或者具有適當的吸引力——350 名；

類型 C：小或者相對有吸引力——480 名。

2. 決定對每類客戶訪問的頻率和每次訪問的時間

這取決於管理者的判斷，如最需要完成的任務是什麼，需要何種類型有經驗的銷售人員等。當然公司也可以作一些控制性的試驗，以決定接觸的頻率和對每個客戶訪問的時間，從而確定最優安排。另外，還可以採用像回歸分析之類的設計方法來分析歷史資料。假定採用上述方法，公司估計出 A 類客戶需要每兩週訪問一次，B 類客戶需要每月訪問一次，C 類客戶需要每兩個月訪問一次。那麼每次典型訪問的時間，A 類、B 類、C 類分別需要 60 分鐘、30 分鐘和 20 分鐘，由此就可以得-出每年對各種類型客戶訪問的時間，其計算如下：

A 類：26 次/年×60 分鐘/次＝1560 分鐘或 26 小時

B 類：12 次俾×30 分鐘/次＝360 分鐘或 6 小時

C 類：6 次/年×20 分鐘/次＝120 分鐘或 2 小時

3. 計算所有市場面上的工作負荷

各種類型客戶需要的工作量，取決於客戶的數目和每年對該類客戶訪問的時間。

A 類：200 名×26 小時/名＝5200 小時

B 類：350 名×6 小時/名＝2100 小時

C 類：480 名×2 小時/名＝960 小時

總計：　　　　　　　　　8260 小時

4. 決定每個銷售人員應利用的時間

這取決於該類型的銷售人員每週的工作時數和在一年中銷售人員工作的星期數。假定一個典型的工作週是 40 個小時，一年內平均每個銷售人員的工作週為 48 週，那麼平均每個銷售人員的工作時間應為：

40 小時/週×48 週/年＝1928 小時/年

5. 按執行的任務分配銷售人員的時間

一般情況下，並不是所有的銷售人員的時間都花費在面對面的顧客接觸上，他們有相當一部份時間花在非銷售活動中，如起草銷售報告、參加會議和進行服務訪問，當然旅行的時間比重也較大。假定銷售人員的時間按如下方式分類：

銷售活動：1920×40%＝768 小時/年

非銷售活動：1920×30%＝576 小時/年

旅行：1920×30%＝576 小時/年

6. 計算所需要的銷售人員數量

銷售人員的數量，取決於所有市場面上所需要的工作時數和每個銷售人員所花費的銷售時間，計算如下：

8260 小時/(768 小時/銷售人員)＝10.75(人)(即 11 名銷售人員)

工作負荷法是決定銷售力量規模最常見的方法，它易於理解並能清楚地瞭解不同類型客戶所需訪問的次數。然而工作負荷法也有一些缺點：

⑴它沒有考慮到客戶對同樣銷售努力的不同反應。例如，A 類客戶，相對於 B、C 類客戶，它的反應就明顯不同，銷售人員必須每兩週訪問一次，客戶才會對公司產品的服務感到滿意。

⑵對於公司業務打擊最大的莫過於競爭者奪取了它的日常訂單，而這種方法沒有考慮到競爭的影響。

⑶該方法沒有考慮影響客戶購買產品的服務成本和毛利潤。

⑷這種方法是假定所有的銷售人員時間效率是相同的。例如，每個銷售人員都採用 768 小時用於面對面銷售，這實際上與現實不符。因為有些銷售人員能更好地計劃他們的訪問時間，提高訪問效率。但對於另一些銷售人員來說，由於區域的不同，可能花在旅行上的時間較多，而花在面談方面的時間則較少。一些銷售人員能充分利用其銷售訪問的時間，這是時間利用率的一個重要標誌，但是工作負荷法卻沒有考慮到這些方面。

第四節　銷售隊伍規模的變動

一、銷售隊伍的邊際遞減效應

1. 確定銷售隊伍的管理跨度

管理跨度又稱「管理幅度」，它指的是一名主管人員在有效地監督管理其直接下屬的人數有多少。

一般來說，管理跨度大，管理的層次就會小，利於組織的扁平化。但扁平化組織與直式組織各有利弊。扁平結構有利於縮短上下級距離，密切上下級關係，信息縱向流快，管理費用低，而且管理幅度較大，被管理者有較大的自主性、積極性、滿足感，同時也有利於更好地選擇和培訓下層人員；但管理寬度的加大，加重了同級間相互溝通的困難，加重了銷售管理者的工作量，諸葛孔明的悲劇就是管理幅度過寬、事必躬親的結果。而直式結構具有管理嚴密、分工明確、上下級易於協調的特點。

但層次越多，管理人員就越多，彼此之間的協調工作也急劇增加，互相扯皮的事會層出不窮。在管理層次上所耗費的設備和開支，所浪費的精力和時間也會增加。管理層次的增加，會使上下的意見溝通和交流受阻，最高層主管人員所要求實現的目標，所制定的政策和計劃，不是下層不完全瞭解，就是層層傳達到基層之後變了樣。管理層次增多後，上層管理者對下層的控制變得更加困難，易造成一個單位整體性的破裂；同時由於管理嚴密，會影響下級人員的主動性和創造性。故管理跨度與管理層次需要動態平衡。

在銷售領域，一般來說，基層銷售管理者有效管理的下屬不超過 12 人，中層管理者有效管理的下屬不超過 10 人，高層管理者有效管理的下屬不超過 7 人。按照這個觀點，如果銷售員為 120 位，那麼基層銷售管理者為 10 人，管理層次為 2(組織層次為 3)就可以了，故管理者為 11 人(10+1)就可以了，高管需要一位助理，那麼管理層為 12 人，管理者比例為 1：10。企業存在兩種不合理的典型：第一，管理跨度過窄，管理層次過多；第二，管理跨度過寬，管理層次過少。在這種情況下，總經理難以騰出時間去思考未來 3-5 年的銷售戰略與組織變革，從而難以形成真正的銷售管理團隊。

2. 經濟學的邊際效應遞減原理

管理經濟學有個著名的邊際效應遞減原理：消費者在逐次增加一個單位消費品的時候，帶來的單位效用是逐漸遞減的（雖然帶來的總效用仍然是增加的）。在銷售隊伍管理領域，邊際效應遞減原理也非常有意義，不僅在銷售隊伍規模設計中存在邊際效應遞減現象，在銷售隊伍的薪酬與福利中，在銷售促銷費用的增加、銷售管道的增加等領域，也有可能發生邊際效應遞減現象。

銷售隊伍的邊際效應遞減規律，是指當其他投入要素保持不變時，如果不斷地增加銷售員，那麼超過了某一點之後，所獲得的總銷售的增量，將越來越小，即邊際銷量逐漸遞減。當邊際銷售遞減到負值時，銷售總量就會出現下滑。

例如，在一定的銷售區域內，如果沒有出現新產品上市，銷售員增加所帶來的銷量會有一個最佳的限度，超過這個限度，追加銷售員，銷量增長可能小於追加的銷售員，得不償失，再繼續增加銷售員就是浪費。

銷售管理者在增加銷售隊伍的人數時，需要時刻用邊際效應遞減原理提醒自己，因為邊際效應遞減原理不會因完美的管理藝術而不發揮作用。

銷售隊伍的邊際效應遞減現象在企業界很普遍。有些企業喜歡搞人海戰術，追求銷售量的快速提升，認為銷售隊伍規模越大越好，因此，悲劇性的案例層出不窮。龐大的銷售隊伍意味著高昂的人工成本和管理成本，大投入必須要有大產出。銷售員的增加不僅沒有帶來銷量，反而帶來銷量的下降。一面要支付上漲的銷售人員薪資和不菲的人員管理成本，而另一面卻不得不面對銷量下滑和利潤下降的現實。

圖 2-4-1　銷售隊伍的邊際效應遞減函數

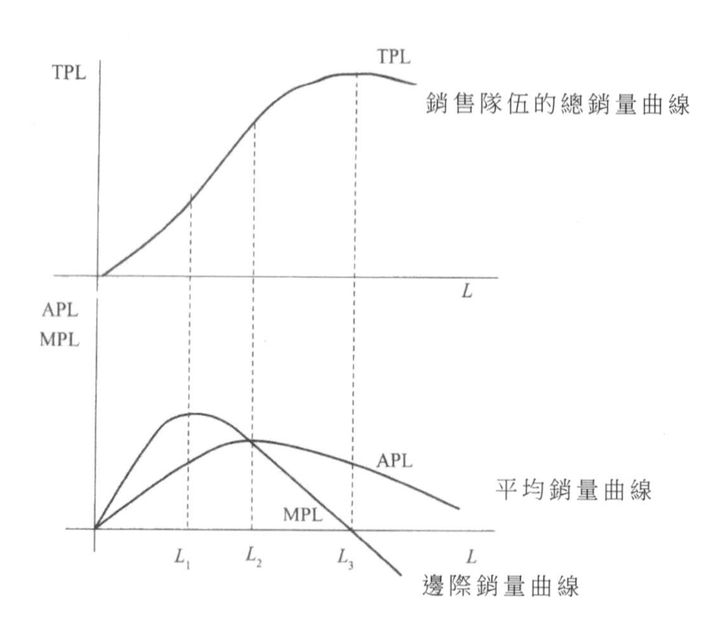

圖 2-4-2　銷售隊伍的邊際銷售量與邊際成本分析

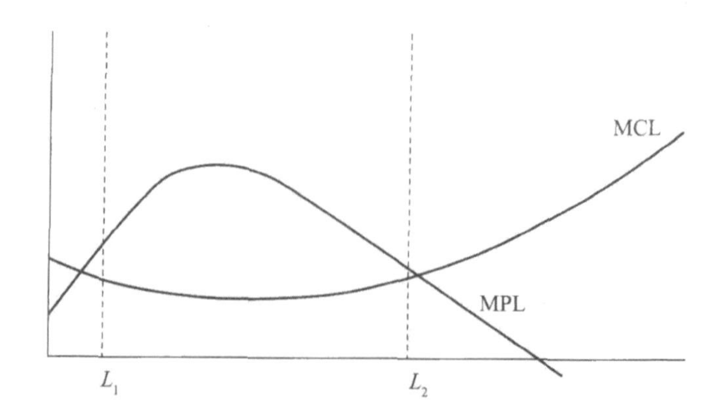

3. 增加銷售人員意味著什麼

⑴固定薪資及相關福利

這是最直接的增加，其實如果從總體增加的成本來看，此項成本僅僅佔一個小頭兒。

⑵教育培訓費用的增加

此項費用的增加，可能與基本薪資不相上下，對於效能型的銷售人員來講，肯定還會大於這個業務員的底薪。

⑶管理者的管理精力投入

管理專家估算，增加一個人的管理工作量，是呈二次指數級增長的，如管理兩個人的工作量是 4 的話，管理三個人的工作量就是 9，四個人就是 16，因此增加一個人，絕對不是增加幾分之一的管理工作量。

⑷行政支持人員的工作量甚至人數增加

表面上，銷售內勤的抱怨是來自對具體的事情，例如誰的表單填寫得不清楚，誰看完了資料沒有放回原處，但實際上，它是在抱怨自己的工作量增加了，而這種抱怨在新人到崗的時候最容易發生，因為這確實增加了他們的工作量。

⑸辦公面積、配套設備及辦公費用的增加

許多公司增加辦公面積的實質原因，不是因為業務量增長了，而是人坐不下了，可見此項費用也不能不計算在內。至於配套的辦公桌椅、設備、辦公耗材等項的增加，就更是自然而然的事情了。

⑹溝通成本增加，整體效率卻可能降低

原來銷售部 4 個人，開會的時候比較容易召集，現在銷售部 8 個人，開會就得等上 20 分鐘；原來 4 個人的時候，某款機型的價

格變化逐一通知需要半小時，現在 8 個人，同樣也是逐一通知，就得需要一個下午，並且還不一定每個業務員都能明確……可見，因人員增加而產生的溝通量放大和整體效率的下降，雖然潛移默化，但不可不察。

二、銷售隊伍規模增減

許多公司能夠透過改變銷售隊伍的規模，而來改善經營業績。在有些條件下，銷售隊伍應加強；但在另一種情況下，公司僱用了太多的銷售人員，則透過縮減銷售隊伍的規模來改善業績。

企業銷售隊伍的規模決定了用於訪問客戶和潛在客戶的推銷努力的總量。決定銷售隊伍規模的決策與廣告預算決策相類。如同廣告預算決定了公司能夠投資到廣告傳播方面的總體數量，銷售隊伍規模決定了可行的人員銷售努力的總體數量。因為每位銷售人員只能在一定時期做一定數量的銷售服務。銷售人員的數量乘以每位銷售人員的銷售服務次數就確定了總體可用的銷售次數。例如，一個公司有 100 位銷售人員，每人每年可做 500 次銷售訪問，則公司一年一共能做 50000 次銷售訪問。如果將銷售隊伍增加到 110 人，那麼總的銷售次數將增加到 55000 次。確定銷售隊伍規模的關鍵因素是生產率、人員調整和組織戰略。

生產率的一般概念是產出與投入的比例。銷售隊伍的銷售生產率(sales productivity)的一個計算方法是計算所產生的銷售額與所使用的推銷努力的比例。因此，生產率是所有拓展決策的一項重要因素。但是，推銷努力常用銷售人員的數量來表示，這就要求著重考慮推銷努力與銷售額之間的關係，而不僅是總體的推銷努力或總的銷售水準。例如，每位銷售人員的銷售額是測量銷售生產率的重要方法。

增加銷售人員將增加銷售額，但並不是以一種線性的方式增加的。除一些例外，成本傾向於隨著銷售隊伍的規模增大而直接增加。在早期，銷售人員的增加使銷售額的增長高於銷售成本的增加。但是，如果銷售人員持續增加，銷售額的增加將出現下降，直到增加銷售人員的成本大於所帶來的收益。事實上，利潤最大化點是增加銷售人員的邊際成本等於銷售人員帶來的邊際收益。銷售隊伍規模越大，維持更高的銷售生產率越困難。這就使管理層在確定銷售隊伍規模時要考慮銷售額和成本的關係。

圖 2-4-3　銷售和成本的關係

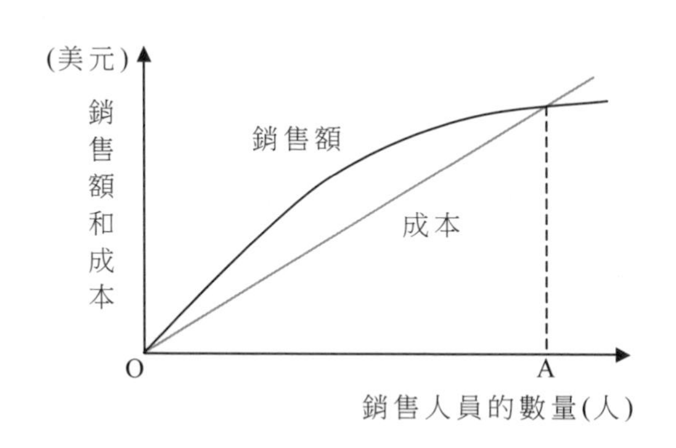

儘管成本隨著銷售人員的增加而以線性方式增加，但伴隨的銷售額的增加卻是非線性的。總之，當銷售人員增加太多時銷售的增加額開始下降。當增加銷售人員所帶來的銷售額不足以彌補所增加的額外成本時，就到達了 A 點。

銷售隊伍的人員調整成本是非常高的。人員調整對所有的公司來說都會發生，所以決定銷售隊伍規模時應對此加以考慮。一旦確定了合適的銷售隊伍規模(有足夠的銷售人員能以高效的方式訪問公司所有的客戶和潛在客戶)，對這個數量應該加以調整，以反映所期望的人員調整率。如果對現有的銷售隊伍規模要求予以增加或維持原狀，那麼，多餘的銷售人員就應該處於僱用、選擇或培訓狀態。如果要求減少，人員調整可能就是完成此目標的必需途徑。例如，一個雜貨品行銷商發現他的銷售隊伍應該從 34 人減少到 32 人，那麼，這兩個銷售人員的減少應該考慮近期該退休的人員，而不是解僱兩名銷售人員。

銷售隊伍的規模必須與企業的組織戰略一致。在經濟不景氣時，那些注重服務現有顧客並完成有限增長的公司可能會把縮減銷售隊伍規模作為降低成本的一種方式。相反，那些希望提高市場佔有率、贏得新顧客並利用市場機會的公司可能會擴大銷售隊伍的規模。事實上，在合適的時候擴大銷售隊伍的規模會為企業帶來競爭優勢。例如，瑞爾斯通電子元件公司(Rilston Electrical Components)感到經濟正在復蘇時，將銷售人員從 3 名增加到 8 名。因為它先於競爭對手抓住機會，公司便能提高市場佔有率並實現 25%的銷售增長。

一個來自製藥行業的有趣的例子，大多數制藥企業發現，相比針對消費者做廣告來說，拜訪醫生進行銷售是一種更有效的增加開藥處方的方法。因此，醫藥銷售人員的數量在過去幾十年翻了三番，達到 9 萬多名。默克公司就是一個典型的例子，它增加了 1500 名銷售人員，使銷售隊伍的規模達到 7000 名。銷售人員的增加使藥物的銷售額提高了，但也帶來一些問題——銷售組織的成本明顯上升。許多醫生感到被醫藥銷售人員騷擾，因此拒絕會面或在很大程度上限制他們和自己接觸。這樣一來，平均每名醫藥銷售人員每年與醫生會面的次數從 808 次降到了 529 次左右，銷售生產率也隨之降低。雖然制藥企業意識到了這些問題，但是個別公司還是不願意削減銷售隊伍的規模，因為這樣做可能會讓對手獲得優勢。

第五節　銷售組織的輪調

一、建立營業部門組織的步驟

企業的「組織」有三個重要概念：分工合作、協調化、授權化。

企業建立它的行銷組織或行銷部門，有它的步驟可資進行，首先應有「目標」，明定行銷部門應達成的目標，其次是欲達到此目標它必須完成的若干功能，第三，將這些工作歸類成「某一個職位」(POSITION)，第四，指派或訓練適當人員擔任此職位，以完成工作；最後，就是協調與控制的各種管理工作。介紹如下：

1. 明定應達成的目標

設立組織的第一步驟，是決定所有達成的目標，最高管理階層決定全公司的全盤目標，主管行銷業務的負責人決定營業部門的目標。大部份行銷部門的目標是：

⑴獲取銷售量

⑵自銷售而獲取淨利

⑶確定單位時間內銷售量的增加

⑷服務客戶

短期特定的目標精細而明確才有價值，營業部門的人員與其他部門的人員一樣，如指派的目標明確，則工作將更有效，可以免於浪費時間、精力與金錢，而其活動亦愈有意義與有利。

特定的目標應隨時調整、修訂或改變。除非方向或重點根本改變，普通對於行銷部門的基本組織不需要變化太大，當行銷情況改變與特定的目標變動，組織應隨之而調整。特定的目標，一方面應基於營業部門的組織，一方面亦應適合企業的需要。營業部門的長期目標，是左右行銷業務工作的一般政策的基礎，需要相當時間才能完成。至於特定目標是逐日的基礎，不論一般的或特定的目標，應是行銷政策建立之起點。總之，營業部門目標的徹底檢查或重訂，爲設計合理行銷業務組織的起點。

2. 決定「達成目標」所必須完成的各種工作、功能

決定必要的功能與活動，乃是分析行銷營業部門目標的工作。經過詳盡的研究，將發現要達成目標，首先應要完成何種活動。營業部門的管理，需要計劃、組織、協調、執行與控制，明瞭必須完成活動的性質最有裨益，經過分析後，發現必須完成目標的特定活動，予以特別的注意，以後還要對於完整性與正確性加以檢核。

3. 以合理方法將工作加以歸類成爲「職位」

爲推動營業部門的工作，職務、責任須合理的分配到各業務職位。活動亦須分類，將有相關的工作分派到同一職位掌理，並採用極度專業化制度的大規模組織，由這個職位來管理這個活動。

當然，在實際經營，爲求管理的經濟性，常迫使一個職位

(POSITION)要負責管理幾個活動。

若設置職位較多時，凡屬相關的工作，應歸予一起，在部門之下彙集而成立分部。

4. 按照職位(POSITION)指派人員擔任

建立此「職位」的人員任用資格與編制。

已經具備「組織」並且有「部門」的各種「工作」應予完成，且有「任用資格」後，此時應找出「適合者」來填入此「職位」，以便工作順利完成，企業甚至可對「適合者」加以訓練。

5. 設立「協調與控制」方法

組織內每個人，都有「向他報告的人」，而「他本身也需要管理、協調其部屬」，應有適當的「授權」以推動工作，並有足夠時間來「協調」各種活動，使用「組織系統圖」可明示此功能。

營業部門的人員，應對組織圖加以研究，以明白自己在組織內的位置，應對何人報告與他人的關係，如何與他人合作等。

6. 檢討改進「營業部門」的組織與工作

業務組織運作後，要檢討是否符合所追求之狀況，實際與目標的差異度若干，並加以修正。

筆者從事行銷診斷多年，深深感覺企業爲了因應競爭、服務客戶、擴張營業版圖、增加新部門等，經歷一段時間後，其原先的組織，絕對不敷所需，例如要擴張、要精簡、要合併，類似此種皆需要加以檢討改善。

二、營業部門的輪調與支援

企業組織欲整合部門力量，必須以目標管理運用方式加以團結行事。其中，經營技巧在於「輪調」，個人在擔任行銷顧問師，輔佐各企業經營者，極力推動「企業輪調」功能，其好處，不只去除部門性之山頭主義，不愁人員離職之威脅工作變動所帶來的人員活潑化，更令全公司人員有「目標一體化」之心態。

以「業務員」而言，全省區分爲臺北、臺中、高雄分公司，擔任主管的課長、經理階層，必須適度地加以輪調。而「行銷企劃部」也有必要加以輪調。

行銷企劃部包括下列諸多人才：

⑴分析商品特性的商品分析員(購買活動的專家)；

⑵分析市場情況的市場調查員、行銷幹部；

⑶能適當判斷生產、銷售計劃的生產管理人員(生產管理業務的專家)；

⑷能進行顧客分析的顧客分析人員(客戶分析的專家)；

⑸擬定活動計劃的行銷計劃人員，促銷規劃人員；

⑹廣告宣傳範圍和各種幹部。

企業在編列「促銷組織」或安排促銷人才時，宜注意：

1. 高階主管負責督導「行銷企劃部」與「業務部」之績效(欲升任高階主管宜具備此二部主管之暦練)。

2. 將行銷企劃部份爲五部門(課)，分別承擔各自工作範圍，或設若幹部門(課)，加以承擔上述功能，並適度輪調。

3. 各課之擔當人員宜適當輪調，例如企業組織規模大，「行銷企業劃課」採產品別區分，共三位行銷企劃員，彼此負責不同的產品，彼此宜輪調，而「行銷企劃員」又與行銷部不同課再適當輪調，或擔任「本課同仁的產品助理員」。

4. ①至⑤(課)之功能，彼此加強溝通、協調，整合出企業之最大行銷績效。

5. 如採「功能性編列組織」，可將整個廣義的行銷企劃組織，概分爲「研究開發部門」「商品企劃課」「行銷企劃課」「廣告課」「促銷課」「管理課」等單位。

6. 如採「品牌經銷人」制度，則宜綜合運用各功能。

圖 2-5-1　營業部門的組織圖

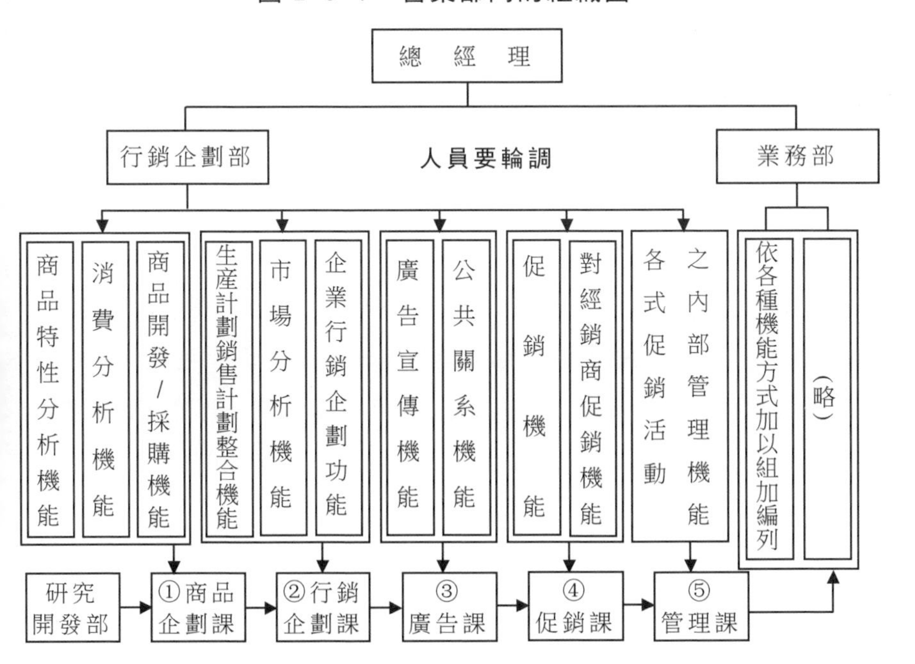

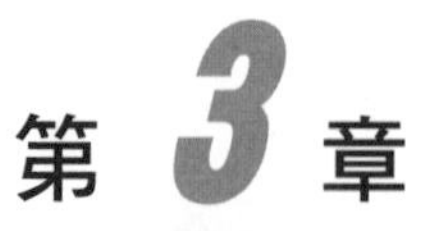

第3章

銷售部門的轄區管理

第一節　銷售區域的意義

一、銷售區域的意義

銷售區域也稱區域市場或銷售轄區，指在一段給定時間內，分配給一個銷售人員、一個銷售分支機構或者一個中間商(批發商和零售商)的一群潛在顧客的總和。銷售區域劃分的理想目標，是使所有區域的銷售潛力和銷售人員的工作負荷都相等。企業首先要劃分銷售區域，再指定專人(或部門)負責這個銷售區域的銷售工作。

二、劃分銷售區域好處

企業將總體市場分為多個細分市場，一個銷售區域可以被認為是一個細分市場，透過估計每一個細分市場的潛力及企業自身優勢，選擇目標市場，確定企業在競爭中的定位。

劃分不同的銷售區域有如下好處：

第一，鼓舞士氣。

作為所管轄區域的業務經理，銷售人員會強烈的地設計路線，更好地安排拜訪頻率。同時，明確的區域劃分體現了權責一致的原則，各區域銷售人員感到目標明確，相互之間不會發生爭奪顧客的惡性競爭。

第二，更容易覆蓋目標市場。

由於目標市場的每一個銷售區域都有專人負責，就不會有被忽略或遺忘的銷售「死角」。如果給每位銷售人員規定嚴格的銷售區域，並嚴禁竄貨，那麼他們會更努力地開發自己的區域市場。

第三，提高客戶管理水準。

銷售區域的劃分，有利於銷售人員努力地開發新客戶，並對老客戶進行深度行銷，從而大大提高客戶服務的品質。作為所轄區域的主人，銷售人員可自己計劃自己的活動，定期訪問，與客戶保持長期關係，深入瞭解客戶需求，提高了客戶管理水準。

第四，便於銷售業績考核。

把整個市場劃分成不同的銷售區域後，銷售數據的收集會變得比較容易。企業將不同地區的銷售額與市場銷售總額相對比，就可以清楚地看到每個銷售人員的個人業績。

第五，有利於改進銷售績效。

銷售區域管理有利於成本分析和成本控制。企業透過對各銷售人員在不同銷售活動中花費的時間與成本的分析，可以設計出更好的方案，提高工作效率，降低銷售成本，並為科學地規劃銷售隊伍規模提供數據支援。因為每一個銷售區域都有指定的銷售人員負責，可以避免不同銷售人員對客戶的重覆訪問。銷售人員可以細心設計訪問路線，儘量減少和合理利用旅行及等待的時間，從而降低銷售成本。不僅如此，一對一的訪問還可以在客戶心目中樹立起統一的企業形象。

區域劃分的理想目標，是使所有區域的銷售潛力和銷售人員的工作負荷都相等。不過，這兩個目標在現實中很難同時達到，只是一種理想的狀態。但這並不意味著銷售區域的劃分沒有原則可以遵循。

第二節 銷售區域劃分的分解法、合成法

針對銷售員在銷售區域的劃分，常見的二種方法：分解法、合成法。

分解法是採用自上而下的銷售潛力來進行銷售區域劃分，考慮到預期的銷售量是否可以盈利。

合成法是採用自下而上的拜訪量來進行銷售區域劃分，考慮到了交通道路系統和拜訪時間。

（一）分解法

它是根據市場潛力把整個市場分解成近似相等的細分市場，以便讓各個區域的市場潛力相等。分解法在工業品銷售中運用得比較

多，該方法成功的關鍵是銷售管理者必須客觀公正地對區域市場進行市場潛力評估與銷售潛力預測。

①作為銷售管理者必須確定整個公司在 0～5 年內的銷售潛力。

②確定每個控制單元的銷售潛力。每個控制單元的銷售潛力預測方法有兩種：控制單元的銷售預測組合修正法和總銷售潛力乘以控制單元市場指數法。一般來說，採取市場指數法，把總銷售潛力分配到各個控制單元，從而得到每個單元的銷售潛力。

③確定每個銷售人員的預期銷售額。銷售管理層應該估計為了盈利而要求每個銷售員必須完成的銷售額。這時銷售管理層常常要進行銷售經驗研究和成本分析，以及未來銷售員成本分析，以便確定此銷售額。

④設定臨時銷售區域的邊界。控制單元合併成銷售區域，合併後的銷售區域的銷售潛力要大於銷售員預期銷售額的最大值。例如，控制單元 A、B、C、D 的每月銷售潛力分別為 10 萬元、8 萬元、6 萬元和 9 萬元，公司要求每個銷售員的預期銷售額為 15 萬元，那麼控制單元 A 和控制單元 C 合併成 AC 區域，控制單元 B 和控制單元 D 合併成 BD 區域。AC 區域的銷售潛力為 16 萬元，BD 區域的銷售潛力為 17 萬元，在 A、B、C、D 的任何組合中，AC 組合與 BD 組合的銷售潛力最接近，而且都大於 15 萬元的銷售預期。

⑤按照需要調整臨時區域。和合成法一樣，由於地區的特殊情況與競爭的突發事件，可能會對銷售員的臨時銷售區域進行調整。

（二）合成法

合成法是根據銷售員預計的拜訪量，把一些小的地區合併成大的銷售區域，以便讓銷售員的工作負荷相當。快速消費品行業多半採用合成法來劃分銷售區域。

①作為銷售管理者，需要確定每個顧客平均的最優拜訪頻率或銷售產出貢獻。拜訪頻率和銷售產出貢獻受銷售潛力、產品性質、顧客購買習慣、競爭特性與顧客購買成本五大因素的影響。這五大因素決定了客戶的盈利性，很多公司會把客戶按照盈利性分成 ABCD 級。最優的銷售拜訪頻率的具體數據一般由上級銷售管理者下達，上級銷售管理者一般會用電腦模型來確定最優拜訪頻率的數據，當然那些微小型企業則是透過判斷來確定最優拜訪頻率數據。在判斷時，他們需要參考每次銷售拜訪所需要的時間、銷售拜訪的時間間隔、在銷售區域內的行程時間、非銷售與行程時間、特定顧客的拜訪頻率、顧客的平均購買值等數據。例如，阿濤公司要求銷售員對 A 級客戶每月拜訪 4 次，每次不得少於 10 分鐘；對 B 級客戶每月拜訪 2 次，每次不得低於 8 分鐘。

②確定每個單元的拜訪頻率總數。把控制單元中的各類客戶數量乘以該類客戶的拜訪次數，就能確定每個控制單元所需要的拜訪總數。

③確定銷售員的工作負荷。通常以拜訪總數、拜訪所需時間、客戶數量或銷售目標任務作為銷售員的工作負荷。一個銷售員的工作負荷等於他每天拜訪的平均次數乘以一年的拜訪天數。銷售員的一天有效拜訪次數取決於兩大因素：拜訪的平均時間與兩次拜訪之間的旅途時間。前者受每天拜訪要會見的客戶數和要完成的傳播工

作量的影響，後者受交通工具與客戶距離的影響。例如，銷售員一天工作 8 小時，一次拜訪的平均時間是 0.25 小時，平均每次拜訪之間的行程時間為 1 小時，那麼他一天可以作 6 次拜訪。如果銷售員一年的拜訪時間是 250 天，那麼他一年的拜訪次數就是 1500 次。

表 3-2-1　劃分銷售區域的工作負荷合成法

控制單元	客戶類型	客戶人數	每個客戶的平均年	年拜訪拜訪次數	每個客戶每次拜訪次數	每次拜訪途中時間交談時間（小時）	工作負荷量
A區域	A	10	24	240	0.25	0.30	132
	B	10	18	180	0.20	0.30	90
	C	20	12	240	0.15	0.20	84
	D	40	6	240	0.10	0.20	72
	合計	80		900			378
B區域	A	5	24	120	0.25	0.50	90
	B	8	18	144	0.20	0.60	115
	C	15	12	180	0.15	0.40	99
	D	20	6	120	0.10	0.30	48
	合計	48		564			352
	總計	128		1464			730

④將相鄰控制單元合併成一個銷售區域。合併控制單元直到所需拜訪總數等於可能拜訪總數，從而確定臨時區域邊界。

例如，公司在第一次建立銷售區域的時候，第一年可能拜訪總數等於公司對一位銷售員的年拜訪總數的要求。公司計算出 H 市年拜訪總數為 900 次，G 市的年拜訪總數為 660 次，而公司對一位銷售員的年拜訪總數最低要求為 1500 次，於是就把相鄰的 P 市與 K 市合併成 G 市區域，配置一個銷售員來管理，這位銷售員的工作負荷為 1560 次。如果出現 H 市的年拜訪總數為 800 次，合併後的 G 市的年拜訪總數為 1460 次，差距 40 個拜訪，在這種情況下，公司要求銷售員去尋找未來的新客戶，或在規定的 ABC 客戶中，可以增加對他們的拜訪次數。

表 3-2-2 某公司的 ABCD 分析合成銷售區域法

控制單元	客戶人數類型	客戶	每個客戶的平均年拜訪次數	年拜訪次數	每個客戶年預期平均銷售額（元）	預期年銷售額（元）	平均每次拜訪的預期銷售額（元）
西湖區	A	10	24	240	360000	3600000	15000
	B	10	18	180	210000	2100000	11667
	C	20	12	240	120000	2400000	10000
	D	40	6	240	8000	320000	1333
	合計	80		900		8420000	9356
富陽縣	A	5	24	120	360000	1800000	15000
	B	8	18	144	210000	1680000	11667
	C	15	12	180	120000	1800000	10000
	D	20	6	120	8000	160000	1333
	合計	48		564		5440000	9645
西富區域	總計	128		1464		13860000	9467

第三節　銷售區域劃分的基本方式

一旦決定企業內銷售部門的組織型式，再來是如何劃分區分市場，將銷售員以部門組織方式分配到銷售區域去。

對於市場的劃分，主要有三個基礎的劃分方式：第一種方式，按區域劃分，形成區域型的銷售組織模式；第二種方式，按一種產品或一組產品來劃分，形成產品型的銷售組織模式；第三種是按客戶群類別劃分，形成客戶型的銷售組織模式。

1. 按產品劃分銷售市場

第二種劃分方式是按產品加以劃分。例如在一個行政區域裏，李先生負責 A 產品，張先生負責 B 產品，陳先生負責 C 產品，或是一課負責 A 產品，二課負責 B 產品，這是按照產品來劃分銷售市場，按照這種方式劃分市場所形成的公司銷售組織模式。

圖 3-3-1　產品型的銷售組織模式

北京地區銷售總監

東區銷售經理　西區銷售經理　南區銷售經理　北區銷售經理

A 產品小馬　B 產品小徐　C 產品小何

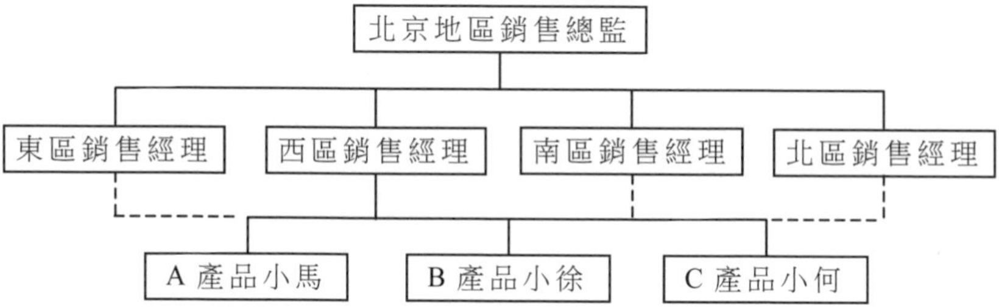

產品型組織模式適用的企業類型，是產品本身技術含量較高且較複雜，產品之間較獨立，相關性不大，客戶分屬不同行業，之間

的差異較大。

2. 按區域劃分銷售市場

第一種是簡單地按行政區域劃分，也就是將某些地理區域交給某個業務員來負責，公司所有的產品都承載在這個業務員的身上。

按照這種方式劃分銷售市場所形成的銷售組織模式即為區域型組織模式。這種組織模式適用的企業，以效率型的銷售模式居多，企業所經營的產品單一或相類似，產品本身不太複雜，技術含量不高，面對的客戶數量眾多，客戶分佈的地域廣闊、分散。

圖 3-3-2　區域型的銷售組織模式

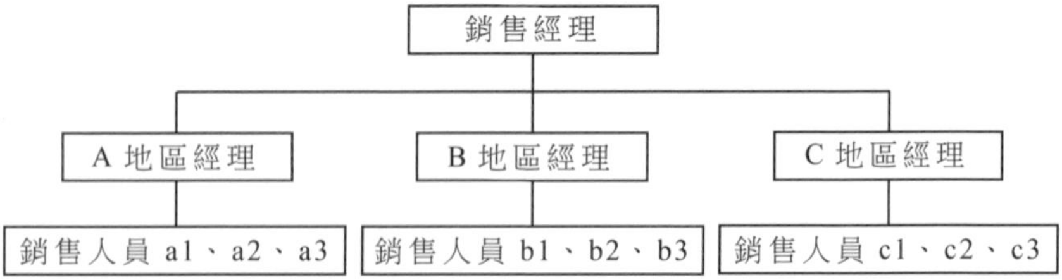

銷售經理

A 地區經理　B 地區經理　C 地區經理

銷售人員 a1、a2、a3　銷售人員 b1、b2、b3　銷售人員 c1、c2、c3

3. 按客戶群劃分銷售市場

第三種方式是按客戶群劃分。例如，做 ERP 軟體的企業，因為 ERP 是大型的管理軟體，並且行業不同，其軟體的設計思路就不同，所以，按客戶群劃分市場並組織銷售隊伍，就成為理所當然的選擇。例如電子業客戶全歸 A 員工負責，傳統產業客戶全由 B 員工負責。

按客戶群劃分，要求一個業務員或小組負責一類群客戶，承載著企業所有的相關產品對此客戶群的銷售任務。

圖 3-3-3　客戶型銷售組織模式

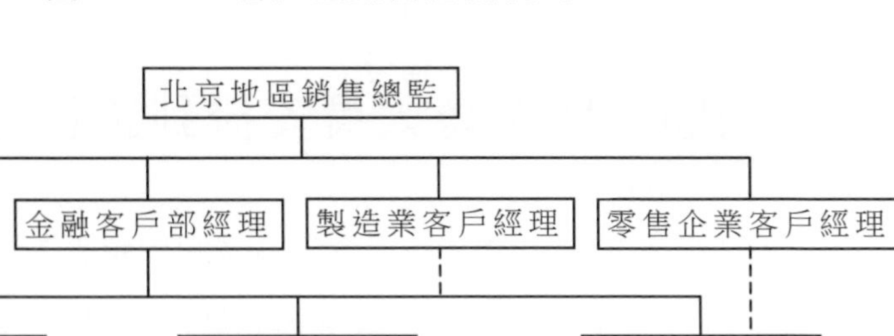

這種模式適用的企業類型主要是效能型的企業居多，多為客戶化的產品或解決方案，客戶參與產品設計，決策過程複雜。

這三種市場劃分的方式，是比較純粹的，也是基本的市場劃分的方法，但在實際企業運作中，都是以組合的方式體現出來的。例如某企業按照區域劃分，將全國分成 7 個大區；然後 7 個大區下面按地區再設 24 個銷售辦事處，辦事處一般覆蓋省一級市場；最後，每個辦事處再按客戶群在省內進行市場劃分。

第四節　將銷售人員安排到銷售轄區內

一旦區域範圍設計好，必須為這區域配備銷售人員。銷售人員的能力不同，與不同類型的顧客或潛在顧客交往時的表現也不一樣。

有些銷售經理認為他們的銷售人員分為農夫型和獵人型。農夫型能夠有效利用現有客戶開展銷售工作，但不能有效地對新客戶開展新業務。獵人型則擅長開闢新的客戶，但不能充分開發現有客戶的潛力。以此為基礎，農夫型的銷售人員應被分配到包含許多正在發展的客戶關係的銷售區域，而獵人型的銷售人員則應被分配到新的或開發不足的市場區域。

在決定了銷售區域數目之後，銷售經理必須著手考慮銷售區域的設計問題。銷售經理要力求銷售區域的銷售績效，銷售人員能有效地發揮潛力，做好銷售業務。

一旦確定好銷售區域，就應決定銷售人員的安排問題。銷售人員之間的能力，他們能力是有差別的，他們對同一客戶或產品產生的訪問效果是不同的。

銷售人員的差別可以透過一種檢測手段，如用銷售人員能力指數來表示。例如，將最好的銷售人員計為 10 分，然後將其他銷售人員與之比較。如果檢測的結果為 8 分，那麼說明這個銷售人員只能達到最好銷售人員業績的 80%。因此公司可以系統地改變區域內銷售人員之間的安排，以確定那種安排最符合公司的整體利益。

銷售區域劃分的最後一步就是將銷售人員分配到特定的銷售區域中去，讓他們各盡所能，創造出最好的銷售業績。

許多企業對其銷售隊伍的目標和活動都有比較明確的規定。如某企業指示它的銷售人員，要將80%的時間花在現有客戶身上，20%的時間花在潛在客戶身上；85%的時間用於銷售既有產品，15%的時間用於銷售新產品。如果企業不規定這樣的比例，那麼銷售人員很可能會把大部份時間花在向現有客戶銷售既有產品上，因而忽略新產品和新客戶方面的工作。

此外，銷售人員應該瞭解如何分析銷售數據、測定市場潛力、收集市場情報、制定行銷戰略和計劃，這一點對較高一級銷售管理部門的人員來說尤其重要。

銷售人員的個性差異是我們安排銷售區域時要考慮的重要因素。例如，銷售人員是否在旅行期間或在自己的家鄉銷售業績更好？銷售人員是否容易受外界事物干擾？除了銷售工作外，他們還有那些特別興趣？有些人不喜歡沿街銷售，而有些人則不喜歡到客戶家中銷售等等。

第五節　銷售區域的調整

企業攻下某個區域市場後，其市場追隨者會步其後塵對其侵蝕，企業為守住市場，需要採用有效的手段。鞏固市場最有效的手段，首先是滲透市場，即對現有市場進行全面滲透。

1. 網路滲透。透過向廣大中間商讓利，加大廣告促銷力度，提高中間商銷量。

2. 產品滲透。擴大產品使用範圍(如康師傅速食麵，由外食型到家食型)，增加產品品種(增加了紅燒牛肉麵、滿漢大餐)，擴大產品效用(增加了可乾食的乾脆麵)，改進產品品質。

3. 顧客滲透。根據不同顧客的不同需求，開發新的產品(如方便米飯、方便粥、微波食品等)，滿足不同層次的需要。

鞏固市場最有效的手段是維持市場，即對現有市場進行全面維護。

銷售區域確定後，因為公司、市場和銷售隊伍都在不斷變化，銷售區域的結構有可能變得不合時宜而需要調整。企業一年至少需要審查一次其管理的銷售區域，思考是否需要重新調整，尤其是銷售員所管轄的銷售領地是否需要調整。但很多銷售管理者要麼經常性地調整銷售區域，銷售區域漂移頻繁，要麼數十年不調整銷售區域，銷售區域的評估與調整成了銷售效率領域最經常被忽略的管理事件。

銷售員的銷售領地，即他的銷售轄區要每年評估，評估不合理的，需要立即調整。銷售經理的管轄領地，尤其一級銷售行政區域，雖然也要每年審視與評估，但不能高頻率地調整。銷售區域的調整稍有不遜，就會挫傷銷售隊伍的士氣，因為銷售區域往往是銷售指標計劃和銷售薪酬收入的基礎。區域經常性地變動與漂移，會讓銷售隊伍處在心情不定之中，因而無法靜下心來對市場進行精耕細作。因此，銷售管理者要謹慎對待銷售區域的評估與調整。

首先要客觀地評估銷售區域，評估後要指明調整的需要。如果銷售區域出現下列三大信號，那就表明需要進行區域調整：銷售潛力發生了巨變，銷售任務變了，區域重疊了(因老客戶不接受新招進銷售員造成，管理者當時允許)，區域發生侵犯事件日益明顯。

經常出現的情況是，區域銷售潛力增長太快使得銷售員只能做表面的維持工作，而不能進一步開拓市場。使用過時的銷售潛力指標，會造成對某個銷售區域的銷售業績誤判。

例如，在一個快速增長地區，某銷售代表的銷售額在 4 年裏增長了 100%，為全公司最大的增長率。銷售總監高度嘉獎了這個銷售員，並將其作為公司銷售員的榜樣。後來，這位銷售總監發現這位優秀銷售員的市場佔有率卻減少了，因為該地區的銷售潛力在這 4 年間，增長了 200%～300%。由於這些銷售區域的市場潛力快速增長，沒有及時調整銷售區域，因而使公司失去了更好的發展機會。

銷售區域調整的補償機制要明確並形成區域調整文化，從而讓銷售區域調整變成激勵士氣實現戰略的途徑之一。補償可以是銷售薪金報酬，可以是名譽與地位，也可以是發展機會，如晉升、學習與培訓、證書、勳章、禮品和獎勵旅遊等。

很多銷售經理輕視銷售區域調整的障礙：人抵制變化的本性、

沒有補償計劃、補償計劃與最佳調整目標相悖、調整所需數據無法立即獲得或調整數據不全等。銷售區域調整，肯定會對銷售隊伍產生消極影響。銷售員可能不希望區域調整，因為人們不喜歡變化，變化使得他們不能預期結果。於是就有不少的銷售管理者，因害怕挫傷銷售隊伍的士氣，對銷售區域的調整猶豫不決。

在已定的銷售區域中增加銷售員人數，意味著銷售區域縮小。增加新的銷售員，需要拿走老銷售員的銷售地盤，但對老銷售員沒有任何補償，或補償不足以讓老銷售員拿出銷售地盤給新來的銷售員。這就給銷售隊伍一個信號：銷售量做上去了，老闆就會增加銷售員來瓜分他的銷售地盤，限制其收入，做得越多，死得越快。於是銷售隊伍中很少有人會努力把銷售量做上去。

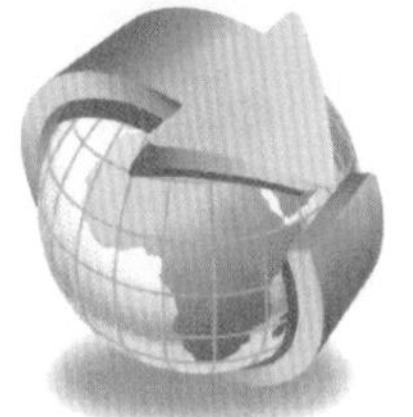

第4章 銷售部門的人員選拔

企業銷售管理的成功，首先要取決於企業能擁有什麼樣的銷售人員，在選拔銷售人員前，先要進行銷售人員戰略規劃，即確定企業銷售人員的數量及素質要求。招聘環節和甄選環節在完成銷售人員戰略規劃後進行。

第一節　銷售隊伍的招聘戰略規劃

一、銷售隊伍的招聘戰略規劃

銷售隊伍的人員計劃(包括需要招聘的數量、品質和招聘的崗位)等都受制於銷售戰略規劃。銷售隊伍招選的全過程應貫徹公司行銷和銷售隊伍規劃，這是公司戰略目標實施的保證。

銷售隊伍的招選規劃要做兩件事：第一，需要招聘的崗位的工作職責，即招聘什麼樣的員工，員工類型；第二，需要招聘多少員工，即員工的數量。

銷售機構會有不同類型的銷售成員，如銷售內勤、在線銷售員、外勤銷售員、客戶服務員等。每個銷售崗位或每種銷售員，都會有相應的工作職責。工作職會包括工作頭銜、組織關係、工作內容等，一般由人力資源部和銷售部共同完成。

公司應儘量準確確定所需的銷售成員的數量，並透過招選僱傭他們，而不應僱傭超出所需數量的員工，以期隨時間流逝而淘汰其中的一部份，這樣做只能說明公司對自己的招選體系缺乏信心，把銷售業績作為額外的招選工具是不道德的。

在員工被僱用之前，銷售管理者應該首先預測銷售人力需求，這一政策將迫使不同的銷售單元進行系統規劃，並有助於改善招選過程中的招聘、面試、錄用、培訓和融合等步驟的規劃。

在預測銷售人力需求的時候，銷售管理者首先必須審視公司的經營戰略、行銷戰略與銷售戰略，尤其是銷售規模與結構。例如，公司是否計劃繼續保持現有分銷管道結構？公司是否打算採用在線銷售模式？公司是否削減外部銷售隊伍規模？公司是否調整銷售區域管理政策？同時，要透過財務獲悉銷售隊伍及其管理的邊際模型，以管理跨度與層次來決定銷售人力需求。這裏介紹一個常規預計銷售員的模型，見表 4-1-1。

表 4-1-1　增補銷售員數量的確定

	新區域	新業務	業務區域合併	提拔	退休	解聘	辭職	合計
所需銷售員數	3	2	-1	2	1	1	1	9

銷售經理所需的銷售成員數與類型應該得到公司經營委員會的批准，才可以進入招選流程；並在實施前提交人員申請表，

表 4-1-2　銷售機構人員增補申請表

申請部門		增(補)崗位		增(補)人數	
申請日期		擬到崗日期			
增補原因					
直接彙報對象					
基本要求					
主要職責					
計劃內審批記錄					
申請人		部門負責人		人力資源經理	
計劃外審批記錄					
銷售部總監		管理部總監		總經理	

銷售主管就好比是一個公車司機，你的首要職責是決定那個銷售員該上你的車，那個銷售員該下你的車。

的確，銷售人員的甄選和聘用是銷售團隊管理一切工作的基礎和前提，因為無論銷售管理者如何竭力培養、輔導、激勵、監管和糾正，資質平庸的銷售人員決定著平庸的銷售結果。

所謂銷售人員戰略規劃，是指根據企業的行銷戰略及企業內外部環境的變化，預測未來的銷售任務對銷售人員數量和素質的要求，滿足這些數量及素質要求而提供銷售人力資源的過程。企業的銷售人員不論是數量上還是品質上，要與企業的行銷戰略匹配，又要適應企業環境的變化。銷售員的戰略規劃，包括數量規劃和素質規劃兩方面。

1. 銷售人員數量規劃

銷售人員數量規劃是依據未來企業銷售模式、銷售流程和組織結構等因素，確定未來企業各級銷售組織銷售人員編制及各職類職種人員配比關係或比例，並在此基礎上制定企業未來銷售人員需求計劃和供給計劃的過程。銷售人員數量規劃的實質是確定企業目前有多少銷售人員，以及企業未來需要多少銷售人員。

2. 銷售人員素質規劃

銷售人員素質規劃是依據企業行銷戰略、業務模式、業務流程和企業對員工行為要求，設計各職類職種職層人員的素質模型。銷售人員素質規劃是企業開展遴選銷售人員、使用銷售人員、培訓銷售人員和開發銷售人員的基礎和前提條件。

銷售人員素質規劃，表現在兩種表現形式：任職資格標準和素質模型。

在競爭日益激烈的時代，企業競爭優勢來源於建立一個持續比競爭對手製造更好的產品與服務，並能更快適應外部環境變化，透過不斷學習，及時調整行動的組織，而所有這一切的實現都依賴於組織中的核心資源，即組織中的人力資源。因此，企業獲取核心競爭力的源泉在於持續構建人力資源所具備的核心專長與技能，這種核心專長與技能能夠為顧客創造獨特的價值，並且是競爭對手在短時期內難以模仿與複製的。在這裏，核心專長與技能即為素質，也是對組織中從事不同工作的員工所具備的動機、個性與品質、自我形象、社會角色、價值觀以及知識與技能的描述。

二、銷售隊伍的招聘步驟

不同性質的銷售工作，對銷售人員會有不同的要求；招聘銷售人員的選擇標準，必須依據需要補充銷售人員的職位所承擔的工作性質和範圍加以確定。換言之，在決定銷售人員選擇標準之前，必須先進行工作分析和編制工作說明書。

人員的招聘和甄選過程分幾個步驟：第一步是計劃活動(planning activity)，包括對一項職位進行分析、確定該職位能力要求、工作描述、設定人員招聘和甄選的目標，並制訂相應的戰略。這些計劃應該在組織整體的計劃框架內進行，以確保與組織的目標、戰略、資源和規範一致。

第二步就是新成員的招聘工作(recruitment)，尋找足夠數量的有希望的候選人。這個申請人群可能由大量的內部(公司裏的)和外部(公司外的)人員組成。

第三步就是人員的甄選(selection)，即甄選由那名候選人從事該項工作的過程。這一步可能使用多種審查和評估方法，包括評估簡歷和申請表、面試、考試、綜合評估、背景調查和體檢。

由於人員的招聘和甄選過程是很關鍵的，詳細的計劃在這個過程中起著舉足輕重的作用。銷售經理關心當前組織的人員需求，但他們可能更加關心未來組織的人員需求，因此，計劃是必不可少的。

合理的計劃為尋找最佳的候選人提供了充足的時間。高層管理者可以事先根據未來可能的需求做出變更，而不是在緊急需要時倉促地說服管理者進行變更。同時，當已知新的受訓者要進入組織時能夠有效地做好培訓計劃。總之，對人員的招聘和甄選過程進行充分計劃的主要作用是：它有助於避免因錯誤的決策而導致公司感情上和經濟上蒙受巨大損失。

第二節　銷售部人員的遴選

銷售人員的遴選過程與企業的行銷戰略密切相關。公司需要與應聘者潛質的相互吻合，對銷售隊伍管理的戰略與策略都至關重要。

與其他部門相比，差的銷售員會破壞公司與客戶的關係，直接致使公司的銷售業績受損；銷售員的離職會讓公司失去很多銷售機會，並帶來很大的銷售遺漏。因此，銷售隊伍工作要獲得成功，中心問題是擁有高效率且離職率相對不高的銷售隊伍，而這一中心問題的基礎點，是你要招聘到具有高潛力高素質的銷售員。

甄選銷售人員的流程因企業而異。最複雜的甄選流程包括八個步驟：填申請表→測驗→面試→調查→體格檢查→銷售部門初步決定→高層主管最後決定→正式錄用。每個步驟合格後才能進入下一個步驟，以確保選出優秀的銷售人才。

1. 申請表

申請表至少應包括以下三方面的內容：個人基本資料、教育背景、工作經驗。發給申請表後，要讓申請人據實填寫，必要時須出示有關證件資料。

申請表的作用主要在於：①可據此初步斷定申請人是否具備工作所需的一般條件或資格；②可以此作為面試時提問的導向；③便於對申請人所提供的各項資料進行全面衡量。

申請人填完申請表後，負責招聘的人可根據申請表的資料進行初步淘汰。衡量時，可用一些必備條件如年齡、學歷、工作經驗等，必備條件缺乏者即予淘汰，必備條件具備者再綜合考慮。具體可建立一種記分制度，分數高者優先。

2. 測驗

許多大企業在招聘素質較高的銷售業務人員時，都採用測驗這一形式。面試畢竟只是聽取應聘者的一面之詞，測驗則能測出應聘者的真實能力水準。測驗能以更客觀的方式，瞭解應聘者的個性及能力，並能以定量的方式區分出各申請人在各種特性上的高低，便於比較衡量。

3. 面試

面試是整個甄選工作的最核心部份，幾乎任何一次人事招聘都少不了這個環節。面試是一次有目的的談話，其目標是增進相互瞭解。面試的作用可從下面幾點來說明：

⑴核對申請表上所述資料，詢問更多的相關情況。對申請表上的資料有不明白的或懷疑之處，均可利用面試加以討論與驗證，還可借此瞭解申請表上沒有的更多的情況，如興趣、愛好、以往的工作經驗等。面試人可據此估計應聘人的潛能。

⑵面試人可對企業及未來工作的情況作一介紹，使應聘人員對企業及工作有更詳細的瞭解，並澄清以前可能誤解的地方。

⑶聽取應聘人員對工作設想的見解。要求應聘人說明「假設我現在面對顧客，將這樣銷售自己的商品」，面試人可借此判斷應聘人的思維、態度、聲音及談話能力。

⑷透過申請者的表現，判斷他未來實際工作的情形。面試即面對面的交談，實際上是銷售工作中最重要的部份。應聘者可以把自己視同任何其他商品一樣，向客戶即招聘主持者銷售自己，這樣才能使面試產生較好的效果。可以說，面試是對應聘人員的最真實的考驗。如果能說服招聘主持者，就一定是有用之才。

面試按深淺程度來分可分為兩個階段，即初始階段和深入階段。如果應聘人在初始階段面試不合格，就不應進入深入階段。

初始階段面試主要是談一些最基本的、最一般的問題，如工作經驗、家庭背景、住址變遷、以往所受的獎勵及處罰、失業多久、因何失業、最近身體狀況等。

深入階段面試主要是指就工作的動機、性質及行為等方面作實際的探討。

⑸面試發問的技巧。面試人發問的方式及問題，可以決定從應聘者那裏得到什麼資料或多少資料。所以，面試者應運用一些發問

的技巧來影響面試的方向及進行的步調。主要發問技巧有開放式發問、封閉式發問和誘導式發問。

以誘導的方式讓對方回答某個問題或同意某種觀點。如「你對這一點怎麼看？」或「你同意我的觀點嗎？」運用誘導式發問時一定要把握好分寸，否則，會給應聘者以緊張感，使其被迫回答一些他認為面試者想聽而並非自己真正想說的話，從而使面試主持人不能獲得有價值的資料。

如果應聘者回答問題不完全或不正確時，面試人還要進行追問。下面介紹一下如何分析答覆的不完全程度及其原因所在，並採取怎樣的追問方式。一般來說，有探詢式追問和反射式追問兩種技巧。

①探詢式追問的問法有「為什麼」「怎麼辦」「請再往下說」「真是這樣嗎」「你為什麼這樣想」，或一些非語言的表情、手勢。

沉默也是探詢式追問的方式之一，但時間掌握很重要。據研究，如果鼓勵對方再多談下去，最有效的方法是在對方談話中斷時，保持 3～6 秒鐘的沉默，這樣對方會很自然地往下說。有時對方在回答問題時，繞著談話主題兜圈子，提供的資料沒有價值；有時對方答非所問或避而不答。此時，先要分析一下原因，是應聘者誤解了問題、不瞭解問題、沒聽懂問題，還是不想回答。然後再用探詢式追問，要求對方作更進一步的說明。

②反射式追問，就是把對方所說的話再重述一遍，以此來考驗對方的反應及其真實意圖。如對方認為公司提供的待遇不合理時，就可以問他(她)：「依工作的性質、任用條件及其他因素來考慮，你認為這樣的待遇不合理嗎？」當對方回答問題不完全或值得懷疑

時，就要用反射式追問，鼓勵應聘者對其尚不完整的答覆加以說明或引申，以確認對方全面而真實的想法。

⑹面試的評估。面試主持人應對面試的結果作明確的評估，以便決定是否淘汰該應聘者，如合格，則進入下一階段的挑選。評估方法多利用一種面試記錄評估表，就表內的各項內容加以評分，最後作出全面評價。

表 4-2-1 銷售工作應聘者面談評估表

應聘人員：　　　　　　　　　　　　時間：

評估項目	評估標準	評估等級			
		優	良	中	差
儀表	外表很好，體格正常，乾淨整潔，健康良好				
口才	吐字清晰，用詞恰當，表達清晰，邏輯性強				
知識	大專及以上學歷，知識豐富				
經驗	專業工作經驗及同類工作經驗豐富				
智慧	思路敏捷，考慮細緻，分析合理，理解力強				
進取	上進心強，不過分計較地位權力				
誠意	言必由衷，態度明朗，不易動搖，毫無做作				
毅力	不屈不撓，不輕易變更工作				
說服	能引人注意，激發興趣，使人領悟，辯論有力				
友情	能喚起他人同情，建立親密友誼				
成熟	目標明確，責任心強，認識現實，自律性強				
抱負	謀求發展，發揮潛能，爭取最好工作成績				
綜合評估					
評語：					
招聘面談人：		職位：			

4. 正式聘用前的調查

在測驗合格後，就可對應聘人所提供的資料進行查證，以確認資料的真實性。可向申請人所提供的諮詢人或其他與之有關的單位及個人查詢，但要注意諮詢人與申請人之間的關係，以便考慮其保證的真實性。

透過諮詢應聘者以前的工作單位或客戶，以獲取應聘人過去工作的真實情況，看實際情況是否與其所提供的資料一致。

可以派人專門拜訪諮詢人，迅速有效地獲取各種有關資料予以查核。

或是直接用電話詢問諮詢人，便利又快捷。但對方可能懷疑訪問者的身份，不願在電話中告訴詳情，所以這種方式具有一定的局限性。也可以利用信函調查，這種方式獲取資料的速度較慢，並且多數諮詢人不願在書面上說別人的缺點或不足。

5. 新銷售員的試用轉正管理

新員工經過三個月的試用期，在銷售經理的訓練和輔導下，每個新銷售員的業績考核結果是不一樣的，有的達到公司的要求，順利轉正，有的沒有達到公司的要求，被迫延遲試用期或直接辭退。因此，在試用期滿後，新銷售員的經理需要作出是否轉正的決策，並填寫僱用情況表。

很多銷售經理會利用試用期滿和試用期的銷售員進行績效評估談話，同意新人的轉正決策，並簽署「銷售員轉正通知書」，新員工的招選錄用工作至此，才算真正的結束。

6. 銷售隊伍的晉升管理

公司的銷售隊伍發展，常把職務晉升當作獎勵，把職務降低當成處罰，職位上升容易，下降難。因此，銷售隊伍的晉升管理，需要從戰略的角度來管理，戰略上要重視，戰術上要謹慎！

銷售隊伍的晉升是指銷售成員由於工作業績出色和企業工作的需要，沿著職業晉升通道，由較低職位等級上升到較高的職位等級。

晉升管理是指公司有晉升崗位需求後，從員工開發或晉升規劃中遴選晉升候選人，透過公司晉升流程獲得晉升任命，一切與晉升事務相關的管理。一般來說，晉升會帶來更多的內部管理工作，包括晉升者的考察與推薦，以及補缺性員工的招選等工作。合理的晉升管理可以對銷售隊伍起到良好的激勵作用，有利於銷售隊伍的穩定，避免人才外流。另外，合理晉升制度的制定和執行，可以激勵銷售成員為達到明確可靠的晉升目標而不斷進取，致力於提高自身能力和素質，改進工作績效，從而促進企業效益的提高。由此可見，晉升管理工作進行得好壞直接關係到隊伍的積極性和士氣。

很多公司對於晉升會實行面試，他們會進行提問、筆試、案例分析、演講、管理潛力測試、領導力測試等。在獲得管理層的共識後，直線主管遞交「晉升推薦表」。

例如，銷售員晉升為區域銷售經理後，提供 2～4 天的「新任銷售團隊經理的管理技能」訓練。

7. 銷售隊伍的離職管理

第三節　銷售部門的工作說明書

在每次招聘的計劃階段，都應對招聘職位進行工作任務和工作範圍的分析，並根據該職位上的銷售人員應承擔的活動和責任，應具備的工作知識來制定招聘計劃。

（一）職位分析(job analysis)

許多公司都有各種銷售職位的工作說明書。然而即便如此，在招聘工作開始時，仍須進行工作分析，並編制新的工作說明書。為什麼呢？

銷售隊伍的工作分析，是由高層管理者、人力資源部與銷售成員或專家一起負責進行。有效的工作分析通常要求全面的觀察與訪談，工作分析員應與部份銷售成員一起進行銷售拜訪或銷售管理。

先訪談銷售員，其次訪談銷售經理、客戶及與銷售活動相關的行政人員或市場人員，再精心製作工作說明書，有四大用途：第一，讓招聘人員知道工作說明書，就可以明智地與應聘者面談；第二，公司可以根據工作說明確定申請表的設計和心理測試的選擇等遴選工具；第三，為新員工的銷售培訓或管理培訓奠定了基礎；第四，是薪酬設計與績效評估的基礎。

首先，銷售工作需要承擔的職責和任務，是隨著顧客需求、公司的客戶管理政策、市場競爭，以及其他環境因素的變化而變化的。到招聘工作開始時，招聘職位所需承擔的工作與上次編制工作說明書時相比，可能已經有所變化。其次，隨著時間的推移，公司裏可能發展出新的銷售職位，在這些職位上的銷售人員所需完成的工作，可能還沒有明確下來。因此，如果沒有一份最新的工作說明書，銷售經理便無法正確確定工作資格，應聘者也無法確切知道他所應聘的是什麼職位。

應由誰進行工作分析？有些公司，分析和編制說明書的任務由銷售經理承擔。而另一些公司，則由工作分析專家承擔。工作分析專家可能是本公司人事部門的人員、銷售參謀人員，也可能是公司的外部顧問。不論由誰進行工作分析，都需要從兩個方面進行：一是透過對目前在職人員的觀察或直接與之交談，以確定他們在履行工作職務時實際在做些什麼；二是訪問各個層次的銷售經理，使他們站在公司戰略銷售計劃和客戶管理政策的高度，提供這些在職人員應該做什麼。

工作分析人員常會發現，銷售人員正在做的與經理們認為他們應該做的之間存在差異。解決這種差異的有效方法，正是編制工作說明書，並使銷售人員和經理們熟知其內容。工作說明書除了可用於消除這種角色認知上的差異，幫助確定銷售人員選擇標準外，還可用於指導編制銷售訓練計劃，用作考評銷售人員的參考標準等。

為了有效地聘用和甄選人員，銷售經理必須對需要招聘新成員的職位有全面的理解和認識。由於大多數銷售經理在進入管理層之前曾經做過銷售人員，他們自然瞭解需要招聘新成員的銷售職位。然而，有些管理者缺乏對該領域狀況的變化的瞭解，他們對現有的銷售職位的認識是陳舊的。

為了確保對銷售職位的全面瞭解，銷售經理需要指導、確認或更新一項職位分析(job analysis)，這需要對該職位的任務、職責和責任進行調查。例如，銷售任務同時包括確立新客戶和維持現有客戶嗎？銷售人員負責收取應收賬款或完成經營報告嗎？透過職位分析對銷售人員應做出的行為進行定義，指出那些領域的行為是成功的關鍵。在多數大公司裏，職位分析由人力資源經理或公司的其他管理者完成，儘管如此，銷售部門經理也很可能參與其中。

（二）職位能力要求(job qualification)

職位分析指出了銷售人員應從事那些工作，而職位能力要求指的是才能、技能、知識、個性特徵以及所有完成工作所必要的職業條件。例如，聘用檔案管理代表時，施樂公司會考慮很多方面：接受過大學教育；擁有 3 年的主要客戶管理經驗；具有很強的銷售能力和客戶管理技能：有能力完成甚至超額完成績效目標；有良好的溝通能力，透過電話尋求客戶的能力，客戶服務能力及口頭表達能力：熟練運用電腦辦公軟體的能力。

銷售工作能力要求包括：經驗、教育水準、願意出外推銷、願意重新安置工作、人際關係能力、傾聽的能力、自我激勵及獨立工作的能力。為了與個人銷售工作的多樣化保持一致，相應地，不同銷售工作對能力的要求也有所不同。因此，每個銷售經理都應記錄與銷售隊伍中不同工作相對應的工作能力要求。要列出組織中所有銷售人員的每一類工作要求也許是不可行的。

同一家公司的銷售工作在不同的推銷形勢下對職位能力要求也不同。例如，多國公司的銷售人員在不同國家銷售同種產品時應具備的能力就不同。對職位能力的要求，在美國，僱用銷售人員時認為職位能力是不重要的，甚至有一些歧視現象。例如，在僱用海外銷售人員時，對社會階層、宗教信仰和少數民族背景的要求就很重要。當指派銷售人員處理國際事務時，一般要求員工要耐心、靈活、自信、堅持不懈、有工作動力、能接受新的工作方式、有出國工作的慾望、有幽默感。

（三）職位描述(job description)

職位描述是基於職位分析和職位能力要求，是由銷售經理或在多數情況下由人力資源經理完成的對工作的書面概括。對銷售人員的職位描述應該包括以下內容：

· 職位名稱(如銷售實習生，高級銷售代表)；

· 銷售人員的職責、任務和擔負的責任；

· 表明銷售人員向誰彙報工作的管轄關係；

· 所售產品的類型；

· 顧客的類型；

· 與工作相關的重要的要求，如承受力、體能和耐力的要求，或者是將要面臨的環境的壓力。

職位描述是銷售管理部門的重要文件，在人員招聘與甄選中的應用只是它們諸多作用中的一個。它們的作用還有明確職責，減少銷售人員的角色模糊，以及讓潛在的僱員熟悉銷售工作，為銷售人員設立目標，幫助評估績效。

表 4-3-1　職位描述

職位名稱：文檔處理銷售代表，X3336

部門：銷售/行銷部

職位需求單號：XE00001964

地點：UT-Salt Lake City

職位描述：

文檔處理銷售代表——鹽湖城，猶他州

施樂公司是一個不斷創新的企業，其觀念具有原創性、創造性和創造力，並使其在數字技術領域處於領先地位。這就是為什麼施樂公司僱用一些優秀的人員，要求所僱用的銷售人員依靠自身想像力產生技術技巧。我們已經創建了一個位創造力進發的平台，一個鼓勵員工勇於表達自己的想像力、想法及領導能力的平台。

文檔處理銷售代表職位採用底薪加提成的形式，它提供了優厚的薪金、保險及職業晉升機會。對於有興趣加入一個有潛力的組織的人來說，這是一個很好的機會。負責區域包括鹽湖城(Salt Lake City)和猶他州(Utah)。

在這個以顧客滿意度為核心的職位上，你需要透過施樂客戶管理系統(XAMP)發展和實施顧客戰略，具體職責包括；

- 建立和保持與高層次的客戶代表組織主要聯絡入的關係；
- 在指定的區域內安排並實施顧客的委託事宜；
- 發展並提出詳細的書面建議，以個人的形式或是同內部合作夥伴及專家合作的形式；
- 展示產品說明；
- 完成銷售談判並記錄顧客的訂購情況；

· 協調與內部合作夥伴和專家的活動，從而為顧客提供解決方案；

· 確保所有顧客問題的解決都是透過協調內部資源實現的；

· 為顧客文檔需求提供綜合解決方案；

· 提供準確的收益預測。

為了勝任這一職位，你需要獲得一個有關商業、科學和圖書館藝術方面的BS或BA，以及至少三年的客戶管理經驗。高超的專業銷售能力和客戶管理能力是必須的。成功的候選人將有一個持續的完成或超額完成業績目標的記錄，並且將具有良好的客戶服務、溝通、電話尋訪及表達技能。同時也需要熟練高效地使用電腦辦公軟體的能力。

（四）工作說明書的內容

銷售工作說明書一般包括以下內容：

· 所推銷的產品或服務的性質。

· 所訪問顧客的類型。包括對不同類型顧客的訪問頻率，以及客戶組織中應該接觸的人員(如購買者、使用者、批准者等)。

· 與職位有關的特殊任務與職責。包括計劃任務，研究和情報收集活動，特殊推銷任務，其他促銷任務，顧客服務活動以及辦公室工作和報告任務。

· 該職位上的工作人員與公司其他人員間的關係。包括該銷售人員向誰報告工作，對其頂頭上司負有那些責任，在什麼情況下以及如何與其他部門的人員接觸等。

· 工作對銷售人員在知識和身體狀況上的要求。包括銷售人員應該掌握的有關公司產品的技術知識、銷售技能和所要承擔的旅行量。

· 環境壓力和限制。包括市場趨勢、競爭態勢、公司聲譽、資源供應等各種影響銷售業績的環境因素。

（五）人員的招聘和甄選目標

為了完全可操作，人員招聘和甄選的目標應該具體確定在某一給定的時期內。下面給定某公司的整體招聘和甄選目標，它可以轉化成具體的可操作目標。

· 按照銷售人員的數量和類型確定當前和未來的需求；
· 銷售隊伍的構成要符合公司在法律上和社會上應承擔的責任；
· 減少能力不足和能力超強的應聘者的數量；
· 按某一確定的成本增加恰好符合能力要求的應聘者的數量；
· 評估應聘者來源和評估方法的有效性。

透過設立人員招聘和甄選的具體目標，銷售經理能夠引導資源流向優先考慮的領域，提高組織和銷售隊伍的效率。

（六）人員招聘戰略

設立目標後，就要確立人員招聘與甄選戰略(recruitment and selection strategy)。形成這一戰略要求銷售經理考慮人員招聘和甄選活動的範圍和時間安排。

· 何時進行人員的招聘和甄選？
· 如何描述工作？
· 如何充分利用職業仲介、大學職業介紹中心這些仲介組織？
· 建設國際銷售隊伍時，需要僱用那類銷售人員？

· 一個應聘者允許在多長時間內接受或拒絕組織提供的工作？

· 對一些銷售組織來說，滿足能力要求的應聘者最可能的來源是什麼？

第四節　銷售部門的招聘工作

一、誰負責銷售員的招聘

要組建一隻高效率的銷售隊伍，關鍵在於企業選擇有能力的優秀的銷售代表。一般的銷售代表與優秀的銷售代表，他們的業務水準有很大差異。

人員徵聘的行政工作，由企業的人力資源部主導，但在大多數銷售部門組織中，負責直接管理銷售人員的銷售經理要對人員的招聘和甄選負主要責任。他們可能會與公司中的人力資源部或其他管理部門協同工作。

如果人員招聘和甄選工作做得不好，銷售業績將會受到不良影響。如果銷售經理因為多數不稱職的銷售人員而使工作受到妨礙，那麼其他銷售管理工作將承受更大的負擔。因不成功的人員聘用和甄選造成的全部損失很可能無法估量。除了提供銷售培訓的人員薪資和支付給職業仲介的費用，還有隱藏在銷售人員調動裏的成本，如銷售人員與他們的顧客建立的長期關係的丟失，以及不可預測的管理問題。據估計，在任何地方要更換原來的人員都要花費一名僱員薪資的 50%～150%。對於一名不合格的僱員，這樣的一項投資代表著不可追回的沉沒成本。因此，人員的招聘和甄選很明顯地成為銷售管理中最具挑戰性的、最重要的職責。

一般來說，公司可以考慮由高層銷售經理、基層銷售經理或人事部門經理，來負責銷售人員的招聘。

1. 在有些公司裏，人事部門會參與銷售人員的招聘工作。人事部門的參與有利於減少招聘中的工作重覆，避免銷售部門和人事部門的摩擦。其缺點是人事部門可能不瞭解銷售工作及其必須具備的資格和素質，因此與銷售經理間可能會出現意見分歧。解決這種分歧的通常辦法是明確人事部門與銷售部門在銷售人員招聘工作中的職責分工。人事部門一般只是給予協助和支持，而銷售部門擁有終極決定權。

2. 當公司強調從銷售隊伍中培養銷售經理或行銷經理時，無論人事部門還是高層主管，都可能參與招聘工作，以儘量甄選出具有管理才能的應聘者。

3. 從銷售隊伍的規模來看，在銷售隊伍規模較小的公司裏，新人的招聘和選擇，往往是高層銷售經理的一項主要職責。而在擁有較大規模的、等級結構的銷售隊伍的公司裏，由於銷售人員招聘工作既涉及面廣，又耗費時間和精力，因此招聘工作一般由較低層次的銷售經理全權負責。

4. 從銷售工作的性質來看，在那些銷售工作不很複雜、應聘者不需要特殊資格而銷售人員離職率高的公司裏，如上門推銷日用消費品的公司，基層銷售經理往往有權聘用自己所需要的銷售人員。但是，當銷售工作複雜、應聘者需要具備一定的資格和能力時，即使由基層銷售經理負責招聘，也常常需要高層銷售經理或參謀部門專家的支持或建議。

二、銷售主管在招聘銷售員時的工作責任

很多銷售經理在招選銷售員的過程中，扮演著不太熟悉或不太專業的角色。而很多公司把銷售成員的招選交給人力資源經理或招聘經理去執行，銷售管理者不參與招選銷售員，被動地接受人力資源部招選到的銷售員。當新銷售員很難融合自己的部門，或者試用不合格而被迫離職，或者業績不好的時候，銷售經理就歸因於人力資源部沒能招選到合適的銷售員。兩個部門的衝突由此產生，銷售經理與人力資源經理之間的內耗就無休止地進行下去，這對公司來講，是有害無益的。

到底誰對銷售員的招選負責任？銷售部門的人事管理的有效性是高級銷售經理和現場銷售經理共同努力的結果，銷售機構中較低層次的銷售經理、地區經理、大區經理負責向銷售總監提出有關人員需求方面的信息(人員計劃)，並負責實施實際新員工的招選工作。當然，銷售機構的高層管理者要對銷售組織內部較高層次的空缺職位和新職位的人員選拔也負有重要的責任，無論公司大小，無論是初創企業，還是成熟企業，應該由銷售組織內部的各層次的銷售經理對銷售成員的招選負責任，並全程實施招選工作。在特殊情況下，由人力資源部門短暫地兼管，如銷售總監離職，或銷售經理離職，而公司需要招選銷售員。當銷售總監或銷售經理到崗後，人力資源部門要把銷售成員的招選工作交還給他們。

為什麼要把銷售機構的銷售成員的招選工作交給銷售部門主導，而不是人力資源部門來主導？不可否認的是，人力資源部門的招聘專員對於人員素質測評、人員素質評價、專業招聘工具的應用方面有專業化的優勢，對公司的招選所承擔的法律責任有深刻而全面的瞭解，然而，在候選人與崗位匹配度、候選人的銷售能力與銷售潛質方面的把握，人力資源部的招聘專員難以與銷售機構的銷售經理們相提並論，其甄別有效性甚至不如銷售經理。當然，如果人力資源部的招聘專員擁有良好的銷售經歷，有效性會有所提升，但優秀的銷售員一般不會選擇從事招聘主管，他們多半選擇銷售經理作為他們的職業方向。

銷售組織的管理者更瞭解客戶、銷售區域、自己所承擔的銷售指標計劃及完成這些指標所需要的人的特質(他們對這些特質有天生的敏感性)，並且，不同的銷售經理有不同的帶人風格，處於不同階段的市場，需要的銷售人才也是不一樣的，人力資源部的招聘專員雖然可以做到瞭解一般銷售的常見特點，但不能深入瞭解銷售部具體的需求，很難就當前市場階段特點、特定銷售職能及區域特點、組織中主管的特點等作出準確判斷。因此，人力資源部的招聘專員無法把握銷售部門這種個性化招聘的需求。銷售員的流動率較大，每年的招聘人數量大，如果由人力資源部主導，那麼人力資源部的人員會疲於招聘，而銷售部則可根據誰需要誰招聘的方式便於有足夠精力應對。

招聘活動是企業人力資源管理活動中最易導致成本浪費的環節，一次錯誤的招聘帶給企業的危害不僅僅是招聘成本的損失，更包含解除不適合員工的遣散成本及浪費時間的機會成本等。因此，在招聘活動中，人力資源部門要站在專業顧問的角度，為銷售部門提供專業招聘服務和招聘決策工具，幫助銷售部門瞭解公司的人才理念、掌握一定的人才甄選的方法，幫助銷售部門做好招聘的非關鍵性工作，如建立招聘管道、發佈招聘信息、應聘信的整理與轉遞、初覆試候選人的背景調查、面試的安排、入職手續的辦理等(在微小型公司，這些工作由老闆助理或銷售總監助理去完成)。同樣，銷售部門也要虛心接受人力資源部門的安排，積極參加人力資源部組織的有關於招聘工具、評價標準及評價方法的培訓，提高自身的招聘專業性與招聘技能，認可並重視人力資源部門對於應聘者軟性條件的評判，尊重人力資源部門的招聘專員的協助工作。招聘經理專注於發現應聘者有何不妥，找出「錯誤」的(與公司文化價值觀符合度差的)的應聘者，而銷售經理專注於找出應聘者那個是最好的候選人，找出正確的那個(他一般注重硬性條件，諸如銷售技能、銷售習慣、-客戶知識等)。直線銷售經理有招聘的決定權，而人力資源部有招聘的否決權或建議權。

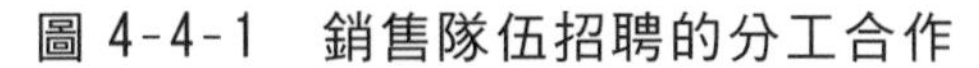

圖 4-4-1　銷售隊伍招聘的分工合作

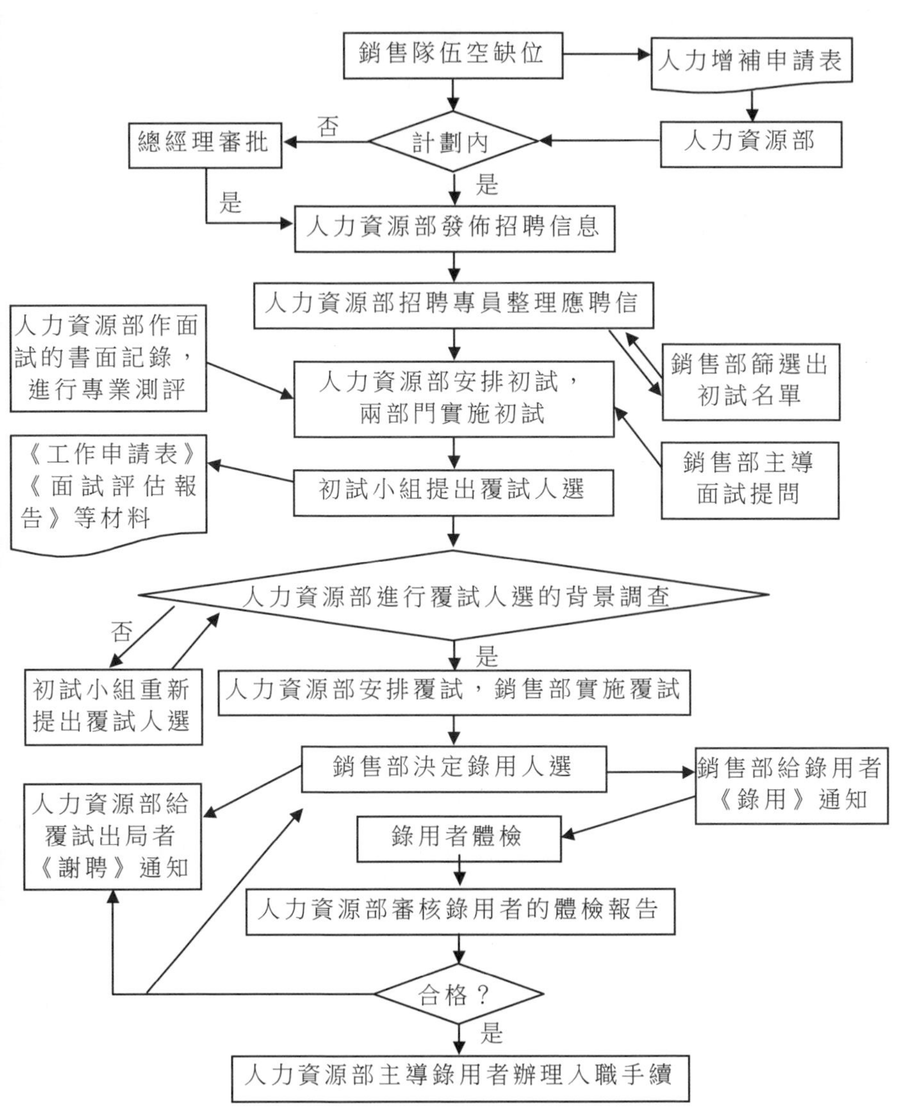

三、銷售部門的辭職管理

銷售隊伍成員無論是以何種形式離開公司的，銷售管理者對銷售成員的整個流出過程(包括流出後的聯絡與關懷)，都要進行管理。優秀的企業，努力降低員工的自願流動率，尤其是高績效的任職者的流動率；同時，也努力減少員工的非自願流出，給予員工改善與提高的機會。

很多企業，在員工的企業服務週期管理上是「虎頭蛇尾」的，即員工的入職管理非常出色，離職辦理卻很草率，重視員工的招選，卻忽視員工的離職。

無論那種形式的員工離職，高明的管理者都需要花時間進行離職管理。

銷售員離職帶來的弊端有：銷售員有相對獨立的銷售區域或客戶資源，如果他離開而沒有儘快安排人員來接管的話，就會出現閒置的銷售區域，從而導致銷售遺漏(銷售員空缺或新的銷售員達到平均水準所需要的時間內發生的銷售量損失)。因此，銷售員離職帶來的人才流失(尤其是銷售員的自願離職)對於企業的銷售具有直接的負面影響。

企業為了填補銷售員離職造成的崗位空缺，不得不重新發佈招募廣告，篩選候選人，錄用安置新銷售員，安排對新銷售員上崗前的培訓，安排人員接替離職銷售員騰出的銷售地盤，這些費用都構成離職重置成本。離職重置成本往往還包括銷售員離職前三心二意工作造成的銷售效率下降與銷量下降，離職發生到新銷售員上崗前崗位空缺的銷量下降，為培訓新銷售員及與新銷售員和其他員工因工作磨合而損失的銷量，銷售員離職造成的組織知識結構不完整對銷售效率的影響，以及銷售員離職在銷售隊伍中造成的人心動盪的效率損失，等等。

員工的離職，對公司與員工來說，都是有損失的，銷售管理者不應只看到員工離職帶給企業的損失，諸如商業機密洩露風險、增加競爭對手力量等利空，也需要看到離職帶給員工的損失——員工需尋找發展平台的機會成本、生活成本、時間成本、團隊環境融合成本，甚至跳槽風險損失，職業空白期損失，對個人因職業不穩而產生的心理、家庭不穩定因素等利空。兩者利空均看到的銷售管理者，在進行員工的離職管理時，就會具有平和的心態。

良好的員工離職管理，不僅可以規避離職員工對企業的負面影響力，還可以讓離職員工成為回頭客或公司口碑的傳播者。

銷售行業是人員流動率比較高的行業，其人員流動率一般比其他性質的工作都要高一些。從時間上說，每年新年前後的一段時間內，人員流動的數量要比平時多。從銷售人員的離職原因看，有預期收入的不足、管理上的問題、銷售人員的心態及其他環境或個人因素等。

在部屬要求離職時，銷售經理要認真分析其真正的原因。如能解決其問題，就加以挽留；如果部屬執意要走，也不要找藉口卡住不放，工作任務、賬目交代清楚後，人員離職，好聚好散。常見在人員離職時企業和員工先弄得反目相向，繼之不歡而散，甚至做出誣衊對方的言辭或行動，造成兩敗俱傷，這是十分不好的結局。

很多公司對於員工的流出都有一套完整的流程規範，他們特別注重員工流出的流程管理，包括提前通告員工流出時間、填寫流出申請審批表單(見表 4-4-1)、員工流出面談、核准流出申請、業務交接、辦公用品及公司財產的移交、督促移交、人員退保、員工流出生效、資料存檔到流出原因的整合，流出員工的後續管理。開明的員工流出流程是儘量減少人員流失的損失和規避相關人事糾紛及法律風險的一種方法。銷售管理者要人性化地完成員工流出的流程。

對於自願離職的員工，當管理者收到員工離職通知或離職信，要第一時間回應，主動與對方進行溝通，請對方再次思考是否非離職不可，並約定雙方面聊的時間與地點。要誠懇地進行離職面談，離職面談包含挽留、獲取他對公司的建議和離職期間的工作轉交事宜等。管理者必須為離職員工設立友好的氣氛，讓其感覺公司對他的重視和溫情，使其願意傾訴內心的感受，要讓員工覺得是在一個特殊時期與一個知心的朋友聊一聊、聽一聽他的意見的感覺，這才是最好的。

一般而言，離職員工會有 1～2 週的離職轉交工作時間，在這段時間內，不能認為轉交工作是公事公辦，想當然地認為離職員工理應會配合，更不能威脅離職員工必須配合轉交；要帶著尊重的態度與協商的口氣，友好地與離職員工協商轉交工作事宜，讓離職員工帶領接任者(我們建議，直線上司最好做接任者，承擔起臨時銷售員的工作與責任)拜訪內外部客戶，使工作關係得以延續。

表 4-4-1　員工離職申請與審批單

<table>
<tr><td>姓名</td><td></td><td>任職部門</td><td></td><td>職位</td><td></td></tr>
<tr><td>加入公司日期</td><td></td><td>擬辭職日期</td><td></td><td>工作城市</td><td></td></tr>
<tr><td colspan="6">流出原因</td></tr>
<tr><td colspan="2">主動</td><td colspan="4">被動</td></tr>
<tr><td colspan="2"></td><td colspan="2">試用不合格</td><td colspan="2"></td></tr>
<tr><td colspan="2"></td><td colspan="2">嚴重違反公司制度開除</td><td colspan="2"></td></tr>
<tr><td colspan="2"></td><td colspan="2">合約到期不續簽</td><td colspan="2"></td></tr>
<tr><td colspan="2"></td><td colspan="2">其他</td><td colspan="2"></td></tr>
<tr><td colspan="6">如選擇「其他」，請在此說明</td></tr>
<tr><td>流出申請人</td><td colspan="2"></td><td>申請時間</td><td colspan="2"></td></tr>
<tr><td colspan="6">員工流出審批</td></tr>
<tr><td colspan="6">財物已交接完畢，批准流出日期(截薪日期)：　　年　　月　　日</td></tr>
<tr><td>直接主管確認</td><td colspan="2"></td><td>確認時間</td><td colspan="2"></td></tr>
<tr><td colspan="6">*後附員工辭職交接清單</td></tr>
<tr><td>部門經理
(地區經理)
意見</td><td></td><td>銷售總監
意見</td><td></td><td>人力資源部
意見</td><td></td></tr>
<tr><td>市場行銷
總監批示</td><td></td><td>行政管理
總監批示</td><td></td><td>總經理批示</td><td></td></tr>
<tr><td>備註</td><td colspan="5"></td></tr>
<tr><td rowspan="3">員工聯絡
信息</td><td>電話</td><td></td><td>手機</td><td colspan="2"></td></tr>
<tr><td>通信地址</td><td colspan="4"></td></tr>
<tr><td>戶口所在地</td><td></td><td>郵編</td><td colspan="2"></td></tr>
<tr><td colspan="6">本人保證所提供的聯絡信息準確無誤，並明白流出時工作交接不清處，流出後有義務承擔此責任。</td></tr>
<tr><td>員工簽名</td><td colspan="2"></td><td>日期</td><td colspan="2"></td></tr>
</table>

解僱員工(又稱辭退員工)最容易導致被解僱員工的報復行為。因解僱行為違背了員工的意願，所以成為銷售管理者最為棘手的問題，無論管理者已經解聘過多少人，幹這種事時總是有不自在的感覺。因此，銷售員的解僱能力是銷售經理必備的管理能力。任何解僱決策都要考慮平衡兩方面的需要：一方面是組織的客戶與投資者的安全需要，另一方面是離職員工的過去或未來的需要。銷售經理必須像對待客戶那樣，對待離職的員工，無論他們是以何種形式離開的。銷售經理在解僱銷售員時，要圍繞一個中心：鼓勵被解僱的員工主動提出辭職，保全他們的面子，與其解僱他們，不如給他們自動離職的機會。解僱員工是在被逼到絕路上時才採取的方法，在準備實施解僱員工之前，要請求自己上司的支持及人力資源管理部和法務部的幫助，同時在解僱實施過程中要堅持七個原則：維護他人的自尊、不要引起爭吵、容許他人發洩、整理好所有文件存檔(事實依據)、善於傾聽、平和語氣，和為被解僱的銷售員找到另一家考慮。

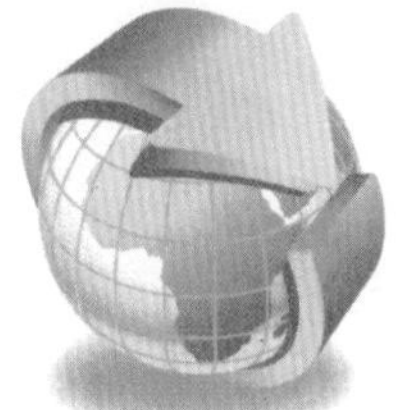

銷售部門的人員培訓

第一節　銷售部門培訓計劃

公司要重視對銷售員的訓練，因為對銷售員進行有關知識、技能、方法的訓練，以及有關價值觀念、意識形態的教育，就是改善銷售人員的工作行為、增進顧客滿意感、提高公司銷售業績的基本保證。

一、銷售人員的訓練

公司要重視對銷售員的訓練，因為對銷售員進行有關知識、技能、方法的訓練，以及有關價值觀念、意識形態的教育，是改善銷售人員的工作行為、增進顧客滿意感、提高公司銷售業績的基本保證。

作為銷售主管，必須要對銷售人員訓練的重要性，有充分認識，知道如何計劃、執行銷售人員的訓練，並能選擇有效的訓練內容和方法。

招選錄用是建立能征善戰的銷售隊伍的關鍵，然而，它只是建立成功的銷售隊伍第一步；發展是關鍵性的第二步，就是如何培訓。

業務員入職培訓，是將應聘者培養為高效銷售成員的重要環節，如果進入公司後，沒有輔以適當的培訓，花費在招選環節的經費就會付諸東流。銷售成員被遴選到銷售隊伍，其使命是為銷售隊伍創造效益，他們需要新的知識與技能為銷售隊伍創造效益。

公司面臨的市場環境劇烈變化，如果沒有足夠的持續培訓，即使是經驗豐富的銷售成員也很難提高，並維持其效率。

特別優秀的銷售成員經過高成效培訓得到技能開發，並在公司有晉升發展的空間；業務成績居中下的銷售成員，需要進行訓練，以更好地勝任公司第二年提供的工作崗位；那些綜合考核差的銷售成員經過高成效培訓而依然無法獲得好成績或好行為的，將會被公司解僱或辭退。

不經過銷售技巧的訓練，把銷售技巧轉化成銷售技能，而直接到客戶那裏進行銷售拜訪，後果是非常可怕的。因為這種非專業性拜訪，很可能會讓客戶反感與不滿。而不滿的客戶會透過網路或親自講述傳播他遇到的不專業拜訪或不專業銷售，從而為公司帶來了很多負面影響。

銷售隊伍的培訓按培訓對象，可以分為銷售培訓與銷售管理培訓。

銷售培訓是企業為銷售員提供學習銷售相關的態度、理念、規則和技能的機會，旨在透過提高銷售員的勝任力增加銷售績效。

銷售管理培訓是企業為銷售管理者提供學習與銷售、銷售管理相關的態度、理念、規則和技能的機會，旨在透過提高銷售管理者的勝任力降低銷售管理成本和增加銷售管理績效。

二、銷售部門培訓的作用

沒有銷售就沒有企業，而要提高銷售額，必須對銷售員進行培訓，以提高銷售員的工作能力。銷售員培訓的目的如下：

1. 提高銷售效率

企業透過培訓來提高銷售效率，進而提高銷售利潤率。經過培訓的銷售人員可以提高人均銷售額，也可以降低銷售成本。

減少業務員的流動率, 如果能給予充分而完整的培訓，業務員既不用花很長的時間和很大的代價，又可學習發展得很快且具有相當實力。好的培訓使銷售人員具備信心、知識、能力和熱情，這樣士氣高昂，銷量自然好，收入也就多，自然降低了人員的流動率。由此形成一個良性循環，保證銷售隊伍的穩定。

2. 滿足員工需要

從員工的角度來看，培訓可以滿足銷售人員的基本知識和銷售技能的需要，為其發展奠定基礎。只有經過嚴格及系統培訓的銷售人員才能很好地掌握銷售的基本知識和技能，才能有效地開展銷售業務，不斷提升自己的銷售業績。

3. 企業發展需要

從企業的角度來看，培訓是企業長遠戰略發展的需要。可想而知，一個沒有經過培訓的銷售隊伍怎能領會管理層制定的銷售戰略與策略？怎能與整個企業的發展戰略相銜接？

4. 適應環境需要

從適應環境的角度來看，培訓有利於銷售人員不斷更新知識，不斷提高銷售技術，與不斷變化的競爭環境相適應。即使對最有經驗的、熟練的銷售人員，培訓也是很必要的。因為市場環境在不斷變化，新產品不斷出現，顧客在不斷變化。

5. 企業管理的需要

從管理的角度來看，很多時候銷售員都是處在獨立作戰的環境中，所以很多銷售員都有孤立無援的感覺。而培訓就像精神的興奮劑，缺乏培訓將使銷售員士氣不振。培訓是改變員工的工作態度和組織態度的重要方式。培訓是提高員工銷售技能的需要，更是讓銷售人員理解企業文化與價值的需要，從而改善銷售人員對待工作的態度，增強企業的凝聚力。

三、銷售部門的培訓需求分析

在制定培訓計劃前，先要對培訓需求進行估計。需求估計就是明確銷售機構對培訓的需求，以及制定為滿足這些需求而需要達到的目標。對培訓需求進行估計時需要考慮不同類型銷售人員的具體需求。首先，應該估計新招聘銷售人員所需要的初步培訓和後續培訓。其次，應該隨時對現有銷售人員的培訓需求進行估計。最後，銷售經理的工作職責要求他隨時估計不同人員對培訓的需求，以保證自己所管理的人員能夠得到具體而全面的培訓。

1. 組織分析

培訓主管首先根據銷售機構的目標和戰略計劃作為制定培訓目標的基礎和指導原則。公司的目標是什麼？為實現這些目標銷售機構必須執行那些戰略和策略？透過這些問題的回答，培訓人員可以制定出針對銷售員的具體培訓目標。

表 5-1-1　各種關鍵的培訓需求

銷售目標/目的	關鍵性績效領域	能力需求	所需求的資源
銷售額增長X%	提高關鍵客戶X，Y和Z的銷售額	改善績效所要求的知識、信息、技能	人員、資金和設備

這個框架把銷售機構的目標和關鍵績效領域與培訓和開發需求或者說能力需求聯繫在一起，從而為銷售管理部門和培訓部門提供了一個如何為改善工作生產率和對資源進行優化配置的方法。

2. 業務分析

在企業的業務上，培訓主管可以透過對職位說明書和任職條件的分析，確定在培訓中應該重點強調的具體能力。同時，還要分析和瞭解實際績效水準，以確定銷售機構是否達到了預定的目標，並在此基礎上，確定那些部門或那些人需要培訓。

困難分析可以揭示和分析銷售人員所遇到的問題。透過這一分析可以反映出銷售人員可能遇到的各種問題。例如，銷售人員在向顧客介紹公司產品特點的時候可能會遇到顧客的否定，或者顧客已經開始購買另一家競爭對手的新產品，而銷售員無法說服顧客自己的產品不比競爭對手的產品差。

3. 銷售人員分析

對銷售人員工作任務的分析是對具體工作行為作出的定義，這些行為是那些即將參加培訓流程的人員為實現工作目標而必須實施的。行為目標為培訓人員和被培訓人員確定了培訓流程的目標。這種方法適用於所有的銷售人員，無論是新銷售員還是有經驗的老銷售員都不例外。

4. 顧客分析

世界上著名的 3M 公司的培訓部門透過對顧客進行調查，從具體的關鍵技能角度出發預測公司銷售機構對培訓的需求。公司向特定的顧客群體發放調查問卷，由顧客對每一種技能相對於維護雙方銷售關係所具有的重要性、銷售人員實施每一項技能的具體情況進行評價。顧客的回饋報告可以總結出他們對每一名銷售人員的印象和看法，顧客的看法與銷售員實際表現之間的差異，說明了銷售人員在那些方面還需要透過培訓加以改進。根據顧客調查結果，確定出每一名銷售員最需要改進的三個方面，由銷售員及其銷售經理以這三個方面為突破點共同制定具體的培訓課程。

第二節　企業制定銷售部門培訓計劃

對培訓需求進行分析後，企業可以制定培訓計劃。培訓計劃需要明確以下問題：培訓目的、培訓時間、培訓地點、培訓方式、培訓師資、培訓內容、培訓方法等。培訓計劃的設計應考慮到新人培訓、繼續培訓、主管人員培訓等不同類型培訓的差異。

培訓目的有許多，每次培訓至少要確定一個主要目的。培訓目的包括發掘銷售人員的潛能；增加銷售人員對企業的信任；訓練銷售人員工作的方法；改善銷售人員工作的態度；提高銷售人員工作的情緒；奠定銷售人員合作的基礎等。最終目的是提高銷售人員的綜合素質，以增加銷售，提高利潤水準。

培訓時間可長可短，可根據需要來確定。確定培訓時間需要考慮：①產品性質。產品性質越複雜，培訓時間應越長。②市場狀況。市場競爭越激烈，培訓時間應越長。③人員素質。人員素質越差，培訓時間應越長。④要求的銷售技巧。要求的銷售技巧越高，需要的培訓時間也越長。⑤管理要求。管理要求越嚴，則培訓時間越長。

依培訓地點的不同可分為集中培訓和分開培訓。集中培訓一般由總公司舉辦，培訓企業所有的銷售人員。一般知識和態度方面的培訓，可採用集中培訓，以保證培訓的品質和水準。分開培訓是由各分公司分別自行培訓其銷售人員。有特殊培訓目標的可採用此法，可以根據銷售需要來進行。

培訓方式有在職培訓、個別會議培訓、小組會議培訓、銷售會議培訓、定期設班培訓和函授等。各企業可根據實際情況選擇適宜的方式。

培訓師資即確定由誰來進行培訓。一般來說，銷售培訓人員有三種主要來源：公司的專職培訓人員、公司的銷售機構人員和公司的外部培訓專家。

公司的專職培訓人員負責建立、管理和協調公司的銷售管理部門以及銷售機構的培訓與開發計劃。通常，培訓主管和培訓人員同人事部門相互分離。他們與所有的管理部門和現場組織保持聯繫。培訓主管一般要向公司的高層管理人員，例如，銷售總經理報告工作。

高級銷售代表以及大區和地區的銷售經理是銷售機構的主要培訓人員。這些人擁有多年的銷售經驗，有助於被培訓人員更快地與指導教師建立起良好的關係並熟悉學習材料。

來自公司外部的培訓人員可以是銷售培訓的銷售顧問，也可以是來自某一外部培訓機構的培訓教師。一些大學也為銷售人員提供培訓。

培訓內容常因工作的不同需要及受訓人員所具備的不同才能而有所差異。總的說來，培訓內容包括：①企業的歷史、經營目標、組織機構、財務狀況、主要產品和銷量、主要設施及主要高級職員等企業概況。②本企業產品的生產過程、技術情況及產品的功能用途。③目標顧客的不同類型及其購買動機、購買習慣和購買行為。④競爭對手的策略和政策。⑤各種銷售術、公司專為每種產品概括的銷售要點及提供的銷售說明。⑥實地銷售的工作流程和責任，如適當分配時間、合理支配費用、如何撰寫報告、擬定有效銷售路線等。

一、銷售員培訓的時機

通常在下列情況下，對銷售員進行培訓比較合適。

· 新的銷售人員剛剛招聘到本企業時；
· 新的銷售工作或銷售團隊剛剛成立時；
· 舊工作將採用新方法、新技術來執行時；
· 改進銷售人員的工作狀況時；
· 當顧客不滿增加，顧客抱怨員工對待他們的工作方式是明顯錯誤的時候；
· 使員工在接觸不同的工作時，都能保持一定的工作水準；
· 現有的銷售人員以缺乏效率的方式執行目前的銷售任務時；
· 當公司推出新產品，或改變行銷策略時；
· 銷售隊伍的整體士氣低落、缺乏戰鬥力時；
· 銷售人員現有的能力不足以完成銷售任務時。

二、銷售人員訓練計劃的實施

銷售訓練計劃能否順利實施，關鍵是要做好以下幾方面工作：

1. 人員落實

銷售人員的訓練雖然能得到公司主管的支持，但能否得到公司其他部門的支持，仍有待落實，特別是人員的落實，這裏包括專業人員（銷售訓練的日常管理人員、外部聘請的訓練顧問等）、師資人員、受訓人員。由於這些人員來自不同的部門，實際操作時，他們很可能以工作任務重為理由而不予以積極配合。要想避免這種情況發生，重要的工作是做好廣泛的動員，統一認識，使他們真正重視銷售人員的訓練工作。

2. 經費落實

銷售人員訓練需要花費一定的資金，特別是集中訓練，還需要解決人員的住宿、吃飯、娛樂、培訓資料、交通、教室等諸多問題，這些都是需要花錢的。調查表明，在美國，銷售人員的平均銷售訓練費用是 11616.57 美元，工業品的銷售訓練費用是 22236.60 美元，服務產業的銷售訓練費用是 14501.50 美元。只要訓練成本能夠帶來更多的效益，訓練所需經費就理應予以滿足。

3. 時間落實

受訓人員絕大部份是在職人員，一邊學習一邊工作，這樣就會在時間上發生衝突。這個問題處理不好，不僅會影響受訓效果，而且很難保證在職人員能全身心地服務於顧客。因此，受訓人員在接受集中脫產培訓之前，應盡可能完成手中工作並做好交接事宜。集中培訓時間最好安排在銷售淡季，以免影響全年銷售計劃。

4. 分階段實施

銷售人員的訓練應按照循序漸進的原則，有計劃、分階段地進行。一般銷售人員的訓練可以分為三個階段：第一階段是新人訓練，即讓銷售人員獲得推銷工作所具備的基本知識和技能；第二階段是督導訓練，其目的是使銷售人員更新產品知識，瞭解新市場，熟悉新技術和新的團隊結構等；第三階段是復習訓練，即在顧客投訴增加或銷售人員業績下降時，為使銷售人員改進推銷技能或討論現實問題而進行的訓練。訓練時一定要注意由淺入深、由簡到繁，防止重覆或脫節，影響和打擊受訓人員的興趣，或引起知識的混淆。

三、選擇培訓講師

對培訓公司和培訓講師要有一定的審核評估。通常一位培訓講師應具備下列基本要求：

⑴豐富的市場及銷售經驗；

⑵有教學的慾望和熱忱，這樣學員容易受到影響和感染；

⑶通曉教學內容；通曉教學方法和技巧；

⑷瞭解如何學習，以便提高教學的有效性；適當的人格特質；

⑸溝通的能力強；富有彈性和靈活性。

培訓教師在培訓過程中具體承擔培訓的教學任務，是向受訓者傳授知識和技能的人。在培訓中，培訓老師的選擇非常關鍵，培訓教師的素質高低、意願能力及教學方法都關係到培訓的效果和培訓的品質。面對不同的培訓內容和培訓對象，可供選擇的培訓教師有以下幾種。

1. 企業內部培訓專家

很多企業擁有專職培訓人員，他們負責管理和協調企業的銷售管理部門以及制定銷售機構的培訓與開發計劃。他們是企業的培訓專家，有的還是行業的資深講師。使用內部培訓專家的優勢是他們在銷售培訓方面有專長，而且培訓成本比較低。不足之處在於不像外部專家那樣能滿足銷售人員的特殊需要。

2. 企業銷售人員

企業的高級銷售代表擁有多年的銷售經驗，可選擇他們作為銷售培訓的講師。當然，這類人員在績效方面一定是最佳的，並且非常熟悉培訓的主題。用企業銷售人員作為培訓教師的優勢是現身說法，具有較強的說服力，而且他們有些還是銷售人員崇拜的對象。不足之處在於，由於他們不是培訓專家或專門的培訓教師，缺少培訓經驗，效果不一定理想，需要對他們進行主題控制。

3. 銷售經理

由於銷售經理特殊的位置，由他們來親自培訓下屬，效果是最佳的，因為他瞭解銷售人員的弱點並非常瞭解行業和產品特點。當然，經理們從事培訓的缺點主要是銷售人員(尤其是新手)可能震懾於「上司」的權力而進行培訓，難免有演戲的成分。而且，他們通常事情太多，難以盡全力開展培訓。

4. 外部培訓專家

來自企業外部的培訓專家，可以是銷售培訓的專業顧問，也可以是著名商學院銷售學科方面的資深講師。使用外部培訓專家的優勢是這些培訓專家專攻銷售培訓項目，可能被認為比企業內部人員更可信，缺點是培訓成本較高。

一般而言，企業大部份培訓項目與內容都可以由企業內部自己解決，但涉及人員開發，諸如領導技能、團隊建設、壓力管理等培訓項目應優先聘用外部培訓專家。

四、銷售人員的訓練內容

訓練內容的安排，應與所任工作性質的需要相一致。實際上，訓練內容應該主要圍繞訓練目的來安排。例如為了銷售人員回答顧客提出來的問題，訓練內容就主要包括產品知識和公司服務政策；如果是為了增加顧客滿意感、改善銷售業績，那麼訓練內容就圍繞如何優質高效處理訂貨以及幫助顧客解決問題；如果為了加強地區銷售管理能力，那麼就要傳授有關時間管理和地區管理的方法和技巧。

1. 產品知識

產品知識是最重要的訓練內容之一。涉及產品線、品牌、產品屬性、用途、可變性、使用材料、包裝、製造方法、損壞的原因及其簡易維護和修理方法等。

產品知識訓練不限於受訓人員具體推銷那些產品。除了本公司的產品外，還需要瞭解競爭產品在價格、構造、功能以及相容性等方面的知識。

銷售人員掌握產品知識目的是，能夠向潛在顧客提供理想決策所需要的信息。如果產品知識是有效的、可靠的，銷售人員就能增加對產品的自豪感和信任感，在推銷過程中，也能使顧客瞭解產品的操作和使用方法，從而提高顧客對產品的購買慾。

2. 公司知識

包括有公司的歷史和成就、公司現有地位和戰略目標、組織結構、主要負責人、企業理念以及公司開展銷售活動的有關政策。在銷售活動中，銷售人員經常會遇到顧客要求降價、修改產品、更快交貨以及提供更優惠的信用條件等問題。對這些情況的處理，必須借助公司政策的指導。

3. 市場與產業知識

市場與產業知識可分為廣義和狹義兩方面。廣義知識與產業如何在宏觀經濟中運行有關，經濟波動對顧客購買行為會產生影響，顧客在經濟高漲和經濟衰退時期會有不同的購買模式和特徵。隨著宏觀經濟環境的變化，銷售人員應該隨時調整銷售技巧。假如處於通貨膨脹時期，銷售人員可以此來勸說顧客提前購買。如果銷售人員還要參與銷售預測和銷售計劃制定，那麼廣義知識就是非常必要的。

狹義知識主要包括目前顧客的知識。銷售人員需要瞭解客戶的採購政策、購買模式、習慣偏好以及客戶提出的產品服務。在某些情況下，銷售人員還需要瞭解客戶的服務對象，即顧客。例如，批發商面對的是零售商，零售商面對的是消費者等。

4. 推銷術和談判技巧

銷售人員要最終實現產品的銷售，必須掌握和運用一些基本的推銷術和談判技巧。雖然目前有許多推銷術訓練方法，如銷售導向法、顧客導向法、解決顧客問題能力導向法等，但要使這些方法能夠真正有效實用，關鍵要掌握銷售過程中的主要步驟，以此來設計訓練方法和內容。包括：

· 識別潛在顧客。識別潛在顧客可以有許多線索來源，如現有顧客、供應商、產業協會、工商名錄、電話簿、報刊雜誌等。

· 準備訪問。在識別出潛在顧客後，就要確定訪問的目標客戶，盡可能多地收集目標客戶的情況，並有針對性地擬定訪問時間、訪問方法和銷售戰略。

· 確定接近方法。銷售人員應該準備好初次與客戶交往時的問候，以自己良好的行為舉止促使雙方關係有一個良好的開端。

· 展示與介紹產品。銷售人員應知道如何才能引起客戶注意、使客戶產生興趣、激發客戶慾望，最後使之付諸購買行動。

· 應付反對意見。銷售人員在向顧客介紹和推銷產品時，顧客一般會產生抵觸心理，並提出反對的看法。這時銷售人員就需要相應的技巧，引導顧客的情緒，使他們放棄反對意見，接受自己的建議和觀點。

· 達成交易。銷售人員需要掌握如何判斷和把握交易時機的技巧，他們必須懂得如何從顧客的語言、動作、評論和提出的問題中發現可以達成交易的信號。

· 後續工作。交易達成後，銷售人員就需要著手認真履行合約，保證按時、按質、按量交貨，並就產品的安裝、使用、保養、維修等做好指導和服務。這些後續工作是使顧客滿意、實現重覆購買的必要條件，銷售人員必須充分重視，以積極的態度、不折不扣的精神去完成。

5. 時間管理

時間和地區管理並無統一的做法，常見做法是 20：80 法則。按照這一原則，業務量最大的 20%的客戶，應分配 80%的時間。當然，這一原則並不是對所有類型的公司都適用，如客戶數量多、規模亦無顯著差異的公司，就不適用這一原則。

時間和地區管理的訓練可以安排在課堂上進行，也可以在工作崗位上進行訓練，而後者的效果更為理想些。例如，有一家公司，將時間和地區管理的訓練，主要安排在崗位上進行，要求銷售人員每隔兩週彙報一次計劃執行的情況，並對此進行評議，地方銷售經理還須幫助他們修訂和改進計劃。結果是電話訪問增加，效率提高，銷售費用大大降低。

第三節　針對新進人員的培訓

公司為了方便銷售成員學習與工作有關的能力而採取的有計劃的活動，這些能力包括對成功地完成銷售工作至關重要的知識、技能或行為。培訓是組織開發現有人力資源和提高員工勝任力以適應組織發展要求的基本途徑。

培訓的目的是讓銷售成員掌握培訓計劃所強調的那些知識、技能和行為，理解與接受公司的價值觀和企業文化，並且將自己融入公司，將知識、技能和行為應用到他們的銷售工作去。培訓屬於教育範疇，只是其側重點是專業性與實踐性技能的訓練，側重於改變學員的行為，訓練學員把事情做對的技能。與學歷教育相比，培訓的挑戰是學員的學歷與年齡等參差不齊。

新銷售員的入職培訓，又稱崗前培訓、職前培訓，主要是公司對每一個初入公司的新銷售員宣講公司歷史與價值觀、基本工作流程、行為規範、組織結構、人員結構和同事關係等的內容，幫助新銷售員更好地融入公司；同時宣講公司的產品、技術與客戶，訓練初級的銷售技能，幫助新銷售員熟悉與掌握公司的銷售業務，提升與運用銷售技能，最終勝任銷售崗位並儘快進入銷售角色。

銷售隊伍的培訓按員工發展歷程，可以分為四個層次。

第一，入職強化訓練。就是針對新來的銷售人員進行的入職強化訓練，內容有新銷售員的團隊合作訓練、公司的理念和文化的宣講、公司產品知識及初級銷售技巧訓練。

第二，銷售過程中的培訓(CSP 體系：COACH ON SELLING PROCESS)。它是以銷售過程為導向的培訓，又稱隨崗輔導。隨崗培訓是從業務員的崗位技能要求和客戶的購買過程出發的，觀察銷售關鍵技能在實地銷售中的運用，拜訪後立即輔導銷售員，也稱現場培訓。

第三，專業銷售技能(專業管理技能)的提升訓練。這個訓練採用集訓與輪訓的方式進行，是週期性的，是考慮銷售成員成長與發展需要所提供的訓練。

第四，專題訓練。就是根據公司目標戰略的發展和隨崗培訓發現的共性專題所進行的專項培訓。

表 5-3-1 新進銷售人員初始在職訓練

第一星期	目 標	方 法
星期一	在銷售管理之規劃、組織及控制上，建立良好的工作習慣。	經理完成關於銷售活動的規劃及報告制度：如何及為何應事先計劃訪問活動；所完成的顧客記錄卡對於銷售人員、顧客以及公司的價值；每次的銷售訪問應如何加以規劃。銷售人員在經理的協助下，應用所學得的知識，規劃第一週的工作。
星期二	以公司業務為基礎，創建推銷技巧。	經理計劃許多次的訪問，讓銷售人員瞭解為何要訪問，每次訪問的目的，以及如何達成預定目標。
星期三	培訓銷售人員的推銷技巧。	銷售人員進行一些比較容易的訪問，在經理的協助下，充分地準備每一次的訪問；對於不可缺少的開場白或促成交易的技巧，不妨一再重覆。
星期四	激勵並建立銷售人員銷售之自信心及信念。	銷售人員進行各式各樣的推銷訪問，經理觀察銷售人員如何準備、如何執行每次訪問，以及遇到什麼情況。每次訪問後，應舉行檢討會，檢討其得失。
星期五	檢討一週來的工作，並計劃第二週要做的工作，藉以證明預先規劃在達成預定成果方面的重要性。	上午仍由銷售人員繼續進行訪問的工作，午餐後銷售人員與經理共同總結一週來工作上所發生的事，以及已達成的目標，然後經理協助銷售人員計劃及準備第二週的工作。

第二星期	目　標	方　法
星期一	繼續培訓推銷技巧，並建立銷售人員的自信心。	經理一整天與銷售人員一起活動，探查銷售人員是否瞭解這一週及這一週內每天的課程，然後採用十項步驟的訓練技巧，來協助銷售人員準備訪問活動，並於每次訪問結束後加以指導。在這一天結束之後，經理瞭解、檢查訪問過程，告訴銷售人員有何改進以及必須如何增強其技巧，然後離開銷售人員。
星期二 星期三 星期四	讓銷售人員處理經理不在場時之銷售訪問，藉以印證其銷售技巧。	銷售人員以三天的時間自行進行銷售訪問，並且記錄：如何規劃及執行，以及遇到那些情況。
星期五	評審銷售人員的改進情形，並且判定銷售人員未來的訓練需要。	經理再加入銷售人員的活動。在第一次訪問以前，檢討過去三天的活動，以及銷售人員所取得的成果，並向銷售人員祝賀。銷售人員整天執行原先規劃的訪問，而經理則採用「十項步驟」來測試一兩項重要的訪問活動。在這一天結束時，經理及銷售人員對銷售人員績效進行第一次評估，並判定進一步訓練需求以及如何滿足這些需求。 經理總結今天的活動及銷售人員的進步情況，加以鼓勵，並確定下一次的現場訪問日期，以及銷售人員第一次提出自我評估的日期。

第四節　銷售隊伍的在職培訓

銷售培訓是公司獲得競爭優勢的關鍵活動，在一項「確保銷售員成功的單一重要因素」調查中，10%的銷售經理選擇了「恰當的銷售培訓」，僅次於 13%的「良好/積極的態度」。然而，銷售員對銷售態度的看法也受培訓內容、數量與品質的影響。在這項調查中，銷售經理同時認為，在銷售員失敗的因素中，除了努力不夠外，其他導致失敗的主要因素(如產品知識、利益陳述技巧等)都可以透過培訓加以糾正，那些心態類與素質類的培訓，可以提高銷售員的努力程度，如果銷售員透過培訓增強了自信，掌握了積極心態的管理技能，他們就可能付出更大的努力。銷售隊伍需要掌握更多的產品知識、行業知識、客戶知識等，更加瞭解客戶。

一、對銷售人員的銷售指導

要使新進銷售人員很快地進入狀態，具體地說，就是要針對其作業未熟練的部份加以重點指導，這是相當重要的事。在指導時如果能夠運用下述的表格那可就方便多了。如果是用來指導銷售員，那更是最恰當不過。在評監欄上可按受指導者個別填的，或是指期間填註，如果是用在後者，那麼此時這張表格就是用於單獨指導對象了。

實地銷售活動是當天兩人在一起工作時，指導者及受訓者要共同努力完成訓練活動及輔導目標。輔導目標是在預定時間內實際可達成的目標，並以此為基礎，在未來的經驗裏取得更大的成果。一天的室外銷售成功與否不在於是否拿到訂單，最主要是教導新人的銷售方法及建立信心。一天所學技巧的累積，才能確保另一天的銷售的成功。

表 5-4-1　指導監督表

	審核項目	評分	評分	評分
拜訪前的準備	使用電話或E-mail做拜訪預約，要領是否正確？			
	對於前往拜訪的公司以及業界的知識是否有所準備？			
	對於情報是否有了充分的認識與準備？			
	對於本公司及產品是否充分認識？			
	出發前是否做好整裝待發的準備？			
	是否提前出發以免遲到？			
拜訪洽談方面	與顧客碰面時是否以爽朗的態度、元氣飽滿地和對方打招呼？			
	與對方交換名片的技巧是否正確無誤？			
	是否能夠和對方侃侃而談地介紹自己或公司？			
	是否能夠因顧客的典型，適時談些緩和場面的話題？			
	是否能夠看準適當的時機談到商品？			
	是否能夠按照標準的語言正確地說明公司的產品？			
	是否能夠有效地運用產品目錄或樣本生動地解說？			
	應酬的語言是否運用自如？			
	導入簽約的時機是否得當？			
	是否採行有效的簽約要領？			

續表

	審核項目	評分	評分	評分
洽商之後	是否徹底地聯絡及追蹤各有關部門，達成如期的交貨？			
	是否採取必要的各項措施直到賬款完全回收？			
	顧客有無延遲付款的情況？發生這種情況時是否採取適當的應對措施？			
	是否採取必要的售後服務，借此提高顧客滿意的程度？			
	對於顧客的抱怨，是否迅速、正確地加以處理？			
日常作業方面	是否在充分瞭解公司的經營方針以及部門的銷售方針後為所應為？			
	是否謹慎地做好年、月、週的作業計劃後按部就班地行動？			
	是否做到有效地運用時間？			
	是否每天詳實地填寫作業日報表？			
	是否積極地收集情報，加以整理，並且按實際需要把情報傳送給有關單位？			
	是否經常積極地自我啟發？			

感想		總評與短評	

表 5-4-2　XX 公司的銷售培訓規劃

項目	第一年	第二年	第三年	第四年
必修課程	銷售原理與商務禮儀	客戶關係管理	談判技巧	銷售心理學原理
	專業銷售技巧	銷售區域管理	產品演講技巧	市場行銷(只限優秀銷售員)
		顧問式銷售技巧	適應性銷售技巧	團隊銷售成功學
	成功銷售員的素質	銷售心態學	銷售心態學	
機動性課程	邀請技巧			
專題性課程	宴請技巧	送禮技巧	客戶關懷技巧	會議行銷技巧
必修課時	10	10	10	10

二、工作場所的實地訓練

⑴由主管先做第一次的銷售示範

通常如果先由主管先來做一次示範，讓受訓者在旁邊觀摩，可以使受訓者克服尷尬的感覺。尤其一旦受訓者在看到客戶對主管的介紹有了反應或能接受的話，就可以減少他害怕遭到拒絕的焦慮。

⑵要交互做銷售演練

有時讓受訓者做銷售介紹，這樣才有機會觀察受訓者的銷售介紹並評估其銷售潛力。再說，這樣主管也才有機會取得訂單，不至影響自己的成績。

⑶傳授適當的銷售經驗

有些帶領訓練的人常誤以為帶新人一定要做成每一筆生意，因而造成自己很大的壓力，也因此拒帶新人。其實讓新人親見主管直行敲門拜訪及並非每次的拜訪一定能成功地取得訂單的事實，這樣新人也從經驗中展望未來，不至期望太高，造成挫折感。再者，如果新人剛一出門就單獨作業，而且第一天就遭受到很多拒絕時，這種經驗有時會摧毀他所有的信心。

⑷建立正確積極的室外訓練態度

主管要協助受訓者對室外銷售建立正確而積極的態度。例如，要是第一天出去，新人正想開始介紹產品，卻碰到對方已購買了產品，這時他可能會想，會買的都買了。這自然是錯誤的想法，這時訓練的人要和悅地對他解說，並安慰他，向客戶道謝他的惠顧，並可要求對方試購他種產品、新產品或推薦他人。同時也可以就近立刻再介紹其他潛在的客戶。

⑸銷售不成也是示範的方式之一

許多人總以為跟新人出去，一定得把銷售做成，這並不正確。銷售不成，一方面可讓新人知道沒有每次必定成功的銷售，也更能使他學到許多東西——為何沒能成交？最重要的是，受訓者也可瞭解即使整天都沒拿到訂單，主管的心情及態度並不受其影響。這是對受訓者最有幫助，也是最好的機會教育。

⑹最好按照室內訓練所說的示範

有初學人員一起做銷售時，主管的示範應該儘量依照上課時所說的方式。

第五節　銷售主管的培訓

確認銷售經理的工作態度，並以學習實地訓練技法，培養實力派銷售員的部下為目標。

一、針對銷售管理層的銷售培訓

為了訓練他人，銷售經理就必須首先接受教育和培訓。因此，那些優秀的公司不僅重視銷售員的培訓，還注重銷售經理們的培訓，他們對銷售經理也制訂了銷售管理培訓規劃。

在公司內部晉升的地區銷售經理，在其崗位內，需要經過四年的銷售管理培訓。從外部招選的銷售管理者，還需要進行「專業性銷售技巧、顧問式銷售技巧與適應性銷售技巧」的培訓，目的是讓他們掌握公司統一的銷售技巧以便輔導銷售員。他們根據課程找外部講師，而不是根據外部講師來定課程名稱，也不是因外部課程名稱的吸引度來決定培訓課程。當然他們也會根據市場變化情況與公司戰略變化情況，來選擇專題性課程，作為機動課程。

表 5-5-1 銷售經理訓練計劃

	第一天	第二天	第三天
上午	10：00集合(15人左右) 10：30①銷售部長或董事代表致詞(寒暄及激勵動機)	8:30⑦各組發表研討結果(各組交換意見) 10：30⑧匯整各組的實手法並準備進行角色演練	8:30⑩塑造績優實力派銷售員的環境(會議式授課) 10：30分組討論「如何塑造上述環境？」
下午	13：00②確認銷售經理應有的態度。(會議式授課) 15：00③個人發表及全體討論 17：00④歸納應具備的態度	13：00⑨培育績效銷售員的實地方法演練 ↓	13：00各銷售單位如何實施實地手法及塑其環境？(由個人製作執行記錄書，並交出來)
晚間	18：00⑤培育績優實力派銷售員的實地方法(會議式授課) 20：00⑥分組研討「如何在自己的工作上培育績優實力派銷售員」	績優執行演練 ↓	15：30銷售部長致詞結束 16：00解散

表 5-5-2　XX 公司的銷售管理培訓規劃

	第一年	第二年	第三年	第四年
必修課程	新任銷售主管的管理技能	情境領導力	適應性領導力	銷售戰略規劃
	會議組織管理	團隊建設技能	銷售培訓技能	銷售績效管理
		目標管理技能	衝突管理技能	銷售組織變革管理(只限優秀銷售經理)
	成功銷售經理的素質	銷售預測技能		行銷管理
機動性課程				
專題性課程	員工融合管理技能	招聘面試技巧	高效激勵技巧	績效面談技巧
必修課時	10	12	12	15

二、中高級銷售經理培訓實例

H 公司是一家零件廠商，每兩年實施一次中高級(銷售)經理研習，稱為「政策研究會議」，由總經理以下的所有部、科長共同參與。在為期二天一夜的研習會裏，所有一般性知識的啟蒙內容均被刪除，可說是一種完全的經營及行銷戰略會議，而企劃負責人也由公司的總務部長擔任，是屬於公司自行企劃、實施教育訓練的例子。

表 5-5-3　中高級(銷售)經理政策研究會議

10：00	第一天	第二天
11：00	(1)社長講話 「本公司現狀及其課題」	(4)全體會議① · 發表分組討論結果 · 執行常務董事回答質疑
12：00	(2)執行常務董事報告 「各事業部門的發展及概況」	(5)全體會議② 社長對討論事項的指示
13：00		
18：00	(3)部、課長混合分組討論 ①重審企業預算及其對策 ②各事業的重點課題	(6)全體會議③「發表下年度政策案」 · 各常務董事 · 部、課長分別質詢 · 社長指示
19：30		(7)懇談會

表 5-5-4　K 公司中高級(銷售)經理研習計劃

第一天		第二天
開訓典禮	8：00	早餐
・總經理致詞	9：00	巴士外遊
・上課基本方針(外聘講師)「高度情報化時代與經營革新」	10：00～12：00	・參觀商業展
午餐	13：00	巴士返回
巴士外遊	14：00	午餐
・參觀電腦工廠	15：00～17：00	・特別演講(外聘講師)「為適應高度情報化其他業界的動向」
・「未來的人工智慧」巴士返回	18：00	・結論
晚餐	19：00～20：00	・公司負責人報告「今年度擴充事業及其他」
・外聘講師回答各組問題	21：00	・座談會

表 5-5-5 銷售經理訓練計劃

	第一天	第二天	第三天
上午	10：00集合(15人左右) 10：30①銷售部長或董事代表致詞(寒暄及激勵動機)	8：30⑦各組發表研討結果(各組交換意見) 10：30⑧匯整各組的實手法並準備進行角色演練	8：30⑩塑造績優實力派銷售員的環境(會議式授課) 10：30分組討論
下午	13：00②確認銷售經理應有的態度。(會議式授課) 15：00③個人發表及全體討論 17：00④歸納應具備的態度	13：00⑨培育績效銷售員的實地方法演練	13：00各銷售單位如何實施實地手法
晚間	18：00⑤培育績優實力派銷售員的實地方法(會議式授課) 20：00⑥分組研討「如何在自己的工作上培育績優實力派銷售員」	績優執行演練	15：30銷售部長致詞結束 16：00解散

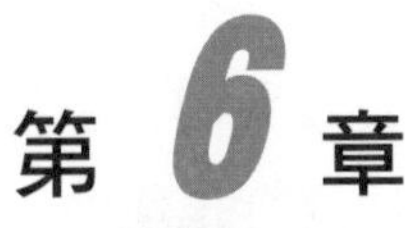

銷售部門的薪酬管理

第一節　銷售隊伍的薪酬重要性

銷售員要克服銷售工作的「社會壓力、企業壓力、客戶壓力、競爭壓力、家庭壓力」五大壓力，沒有公司或上級的激勵是很難做到的。銷售隊伍是一隻特別需要激勵的隊伍，是一隻特別看重報酬激勵的隊伍。

良好的銷售隊伍薪酬方案，能激勵銷售人員完成銷售指標和提高客戶服務品質，確保公司戰略目標的實現。

銷售薪酬方案首先必須確保公司戰略目標的實現。有激勵性的銷售薪酬，會提高銷售員的滿意度、銷售士氣及銷售戰鬥力。

確保銷售員的努力得到相對應的回報，這是很多公司一直在尋求但很少能達到的境界。無論是那個行業，通常都是根據銷售業績而不是所付出的努力來支付銷售薪酬的，當然，如果銷售業績與銷售努力是相對性的，這樣做並沒有錯。

銷售薪酬不僅要把銷售努力與銷售業績進行正關聯，要把滿足銷售員的個人需求與銷售業績進行正關聯，還要把銷售行為與公司戰略正相關，讓個人與組織聯繫在一起。

一、銷售部門薪酬設計的原則

事實上，為銷售員建立一套系統的報酬體系並非是件容易的事，而且將報酬目標劃分為長線與短線目標也不是件容易的事。因此，有關銷售員報酬問題，是銷售管理中又一個重要課題。不同類型的銷售員，不同類型的企業，不同類型的市場狀況，銷售經理要選擇不同類型的報酬制度，這樣才能滿足不同類型銷售員的需要，並使他們創造更好的業績。

制定銷售人員報酬的水準只可作為決定某一報酬範圍的基礎，也就是說，不同經驗及能力的銷售員應獲得不同的薪水。無論企業生產的是何種產品，無論銷售部裏是兼職銷售員還是專業銷售人員，銷售經理在確定報酬水準時，都必須遵循以下原則：

1. 公平性原則

銷售人員報酬應建立在比較客觀現實的基礎上，使銷售人員感到他們所獲得的獎酬公平合理，而企業的銷售成本也不至於過大。也就是說既不讓銷售人員感覺到企業吝嗇，又要不給企業造成浪費。只有這樣才能使銷售費用保持在既現實又節省的程度上。銷售人員報酬要使銷售人員的獎酬與其本人的能力相稱，並且能夠維持一種合理的生活水準。同時，銷售人員的獎酬必須與企業內其他人員的獎酬相稱，不可有任何歧視之嫌。

2. 激勵性原則

銷售人員的報酬水準必須能給銷售人員一種強烈的激勵作用，以便促使其取得最佳銷售業績。同時又能引導銷售人員盡可能地努力工作，對公司各項工作的開展起到積極作用。當銷售表現良好時，銷售人員期望獲得特別的獎酬。企業除了賦予銷售人員穩定的崗位收入以外，還要善於依據其貢獻的大小在總體獎酬上進行區分，並給予數額不同的額外獎酬，這是銷售人員報酬真正實現激勵作用的關鍵。當然，至於額外獎酬是多少，要依據綜合的因素進行評定，決不能採取簡單化的做法，認為獎勵越高，激勵也就越大。激勵性原則還表現在銷售人員的獎酬制度必須富有競爭性，給予的獎酬要高於競爭對手的規定，這樣才能吸引最佳的銷售人員加入本企業的銷售組織。

3. 靈活性原則

銷售人員的報酬水準應既能滿足各種銷售工作的需要，又能比較靈活地加以運用。即理想的銷售人員薪酬制度應該具有變通性，能夠結合不同的情況進行調整。實際上，不同企業的組織文化、經營狀況、期望水準、市場風險存在很大的差異，這種差異導致不同行業或企業之間獎酬要求的不同。

因此企業在具體的獎酬方式的選擇上，應對各種相關因素進行綜合評估，並進行科學的決策。

4. 穩定性原則

優良的銷售人員薪酬制度能夠保證銷售人員有穩定的收入，這樣才不至於影響其正常的工作和生活。因為銷售量常受一些外界因素的影響，銷售人員通常期望自己的收入不會因這些因素的變動而下降至低於維持生計的水準，企業要盡可能解決銷售人員的後顧之憂。

除了正常的福利之外，還要為其提供一筆穩定的收入，這筆收入主要與銷售人員的銷售崗位有關，而與其銷售業績不發生直接聯繫。

5. 控制性原則

銷售人員的薪酬制度應體現工作的傾向性，並能為銷售人員的工作指引方向，能使銷售人員發揮潛能，提高其工作效率。同時，獎酬制度的設立應能實現企業對銷售人員的有效控制。企業所確立的銷售人員薪酬制度，不能以犧牲必要的控制能力為代價，這是企業保持銷售隊伍穩定性並最終佔有市場的關鍵。為了實現這一點，企業必須承擔必要的投入風險，而不能把絕大部份的風險轉嫁給銷售人員。

一般說來，對於銷售員來說，銷售經理應著重考慮企業的特徵、企業的經營政策和目標、財務及成本以及其他因素。而對於專業銷售人員來說，銷售經理則應著重考慮財務及成本、行政、管理等因素。當然各個企業的情況有所不同，市場在不斷地變化，企業的情況也在不斷地變化，銷售經理應根據自身的具體情況及所處環境來確定所應考慮的因素。

二、銷售部門的報酬設計目標

銷售人員得到合理公平的報酬，必有利於公司的利益；如果他們認為報酬不合理，必將影響其銷售額，因此，銷售人員報酬及費用制度對公司發展極為重要。

銷售部門的報酬設計方式，要考慮到公司需求和銷售員需求兩方面。

1. 公司的期望目標

沒有比發展一套良好的報酬制度更棘手的問題了。銷售工作和一般辦事員或接線生不同，與以收入機會來激勵業務員的方法自然不同。這也沒有什麼普遍的標準，甲公司適用的制度即使在同行的乙公司也未必合用。基本目的如下：

設計任何報酬計劃的第一步，就是先瞭解希望該計劃的目的何在。其中有些非常基本的目的：

⑴該計劃應能激勵銷售員，創造更多銷售，及更多利潤。

⑵該計劃應好到足以讓最好的銷售員滿意，並能吸引新人。

⑶該設計應能和同業其他公司所施行的制度相競爭。

⑷完成的成就和付給的報酬之間應儘量縮短時間。銷售員應能看見他們的成就並可迅速獲得成果。

許多經理在起草報酬制度時，都會考慮和基本目的互補的次要目的：

要讓銷售員容易懂，他們應能知道銷售每樣商品可獲得什麼及報酬如何和何時付給他們。銷售員不需要有一個複雜的計算器就能算得出每月的獎金有多少。

要容易管理，計算每月報酬不應該會讓電腦負荷過重死機，也不應該需要再僱半打職員才算得完。(如果制度太複雜，無可避免的，公司就偶然會遲發薪水，而且複雜的制度也容易錯。)

應能消除爭議，誰得到多少報酬應該清清楚楚。佣金或每區域的業績該如何劃分，其細節應讓大家瞭解。

薪資制度要公平，報酬制度的設計不應以限制銷售員收入為主要目的。

2. 銷售員的期望目標

經理若能在報酬制度中結合主要下列目的，以下幾點是銷售員普遍希望報酬制度中能有的：

⑴他們希望收入沒有極限。如果他們賺得到，就希望得到相應的報酬。

⑵他們希望獎金和報酬能根據他們控制得了的因素。

⑶他們希望經常得到支付。(喂，這也是經理的目標之一啊！)

⑷他們希望有銷售員不會因不實際的業績配額受罰的制度。

⑸他們希望計劃不要在中途或年年有重大改變。

⑹他們不希望有各種扣款的理由。只要公司接受了訂單出貨且開了發票，銷售員就希望拿到他們應得的一份。如果這些條件都能滿足，銷售員就會重視獎金制度。

比較管理階層設計報酬制度的目的，與銷售員普遍希望的目標後，雙方其實有極大共通處。公司希望能多賣一點貨物，利潤多一點；銷售員希望有無限且公平的機會，獲取更多的金錢。這樣，要設計兩方都滿意的制度就較容易了。

談完了大家都同意的，金錢是激勵多數人工作的最好動機後，許多問題又產生了。報酬制度是否應代表一切誘因？直接的佣金制度當然是讓大家工作的動機。除非把貨品賣掉，否則就得不到任何金錢。但是不停地工作會讓優秀銷售員倦怠。或許最好的方法是薪水加上給超級銷售員的獎勵津貼。但那又有點太舒服了。或許底薪加上佣金比較好。當什麼都沒賣出去時，至少這讓銷售員有點安全感。增加的佣金讓銷售員有機會賺得比生活起碼所需再多一點。但底薪應該怎麼算？佣金怎麼算？還有紅利呢？還有，為何不在利潤多的產品上多提供一點佣金，讓銷售員能多賣一點那些產品？

表 6-1-1　最受歡迎的激勵措施

激勵措施	銷售主管表示的最受歡迎程度
現金	68%
酬金	32%
酬謝宴	26%
旅行	21%
物品/禮物	20%

第二節　銷售部的薪酬構成

通常一線銷售人員的薪酬基本上採取結構薪資制，即底薪加提成，到年底根據公司效益情況發放效益獎金。

1. 底薪

底薪為銷售人員提供了基本的生活保障，一些兼職銷售人員大部份是無底薪提成。底薪一般有三種形式，一種是無責任底薪，這種底薪與業績完成情況無關，可以理解成為固定薪資：一種是帶責任底薪，這種形式的底薪和業績完成情況直接相關，根據業績完成率按比例或既定的標準發放；還有一種是混合底薪，就是底薪中有一定比例是無責任底薪，會固定發放，其餘部份就是和任務完成情況掛鈎。

表 6-2-1　底薪的三種形式

底薪的三種形式	底薪的發放
無責任底薪	底薪每月固定發放，與銷售目標完成情況無關
有責任底薪	底薪與銷售目標完成情況直接相關。根據目標完成率核算實際發放底薪
綜合底薪	底薪中一部份固定發放，另一部份根據目標完成率核算發放

2. 提成

關於提成的設計一般從兩個方面考慮，首先是提成基礎的確定，也就是提成根據什麼核算，是以合約額核算，還是以回款額核算；另一個考慮是提成比例的確定。

提成的基礎也可根據銷售人員的成熟度不同而有所不同。例如對於銷售新人的激勵，由於其經驗和閱歷有限，相對於其他工作而言，銷售更具挑戰性，所以對於剛入行的新手而言，以合約額計提提成可能更能提高其對銷售工作的信心和興趣。而對於有經驗的銷售人員，他們已經具備一個合格銷售員的素質，也就是職業成熟度比較高，用回款計提成對公司比較有利，對個人的激勵效果也不會有很大影響。如表 6-2-2 所示。

表 6-2-2　提成基礎對比表

提成的基礎	公司發展階段	公司戰略導向	客戶信用	銷售人員	公司經營風險
按合約額和回款提成	成熟期 再造期	保障當前現金流，創造未來現金流	信用一般		中等
按合約額提成	成長期	快速佔領市場	信用度高	銷售新人	較大
按回款提成	成熟期	降低財務風險，創造持續現金流	信用風險大	成熟銷售人員	較小

對於公司而言，根據回款額提成是一種最為保險的方式。因為在複雜的市場環境中，客戶的信用不確定，按合約額提成對公司可能僅僅意味著一場數字遊戲，在沒有實際的現金流入之前就兌現銷售人員的提成至少存在著風險。銷售人員單純為了追求業績的增長，而不考慮客戶信用狀況，一味地追求合約額，而不去考慮回款，公司的呆賬、壞賬比例會逐漸增多，沒有人對此負責，公司的資金狀況會日益惡化，最終導致公司無法正常運營，舉步維艱。這當然是一種極端的狀態，但也不是沒有先例的。

完全根據回款提成，也不是在任何公司或任何階段都適用的。例如說公司開展一項創新業務時，可能在初期以合約額提成會更加配合公司戰略的實施，而在業務趨於成熟時，就應該考慮以回款考核了，所以在不同的階段為實現戰略目標可以靈活地調整提成的基礎。

提成比例的確定是一個重點，比例設高了，對於個人激勵性增大，但企業利益就相對降低了；比例設低了，對個人沒有太大的激勵性，不能促進其多開發客戶，從而企業的利潤也無從談起了。

表 6-2-3　提成比例對比表

提成比例的確定	優點	缺點
完成任務後提成比例增大	鼓勵銷售人員賣出盡可能多的產品，實現盡可能大的銷售額	在實際完成銷售額相同的情況下，目標值定得越低，銷售人員能夠拿到的提成越多
提成比例保持不變	能在一定程度上激勵銷售人員完成盡可能多的銷售額，同時由於銷售提成不與銷售目標值掛鈎，因此在制定銷售目標時銷售人員不會因追求更高的銷售提成而有意地要求降低銷售目標，使得銷售額目標值的制定更接近於實際	激勵力度相對較弱
提成比例在達到目標後降低	鼓勵銷售人員根據實際情況上報銷售額目標值，並努力將其實現。無論銷售人員實際完成的銷售額為多少，銷售目標定得越高，其所獲銷售提成都可以更多	操作難度較高，兩個提成比例的制定要經過精確的預估和計算才能確定。另外在銷售人員完成銷售目標後，不能有效激勵銷售人員進一步擴大銷售量

3. 底薪和提成的二者組合形式

底薪和提成在薪資總額中的比例設計可根據公司所在行業，以及公司在市場中的地位、品牌影響力以及產品特性等因素確定。表 6-2-4 是高底薪低提成以及高提成低底薪兩種組合的比較。

表 6-2-4　薪酬組合對比

薪酬組合	企業發展階段	企業規模	品牌知名度	管理體制	客戶群	優勢
高底薪低提成	成熟期	大	高	成熟	相對穩定	有利於企業維護和鞏固現有的市場管道和客戶關係，保持企業內部穩定，有利於企業平穩發展
高提成低底薪	快速成長期	小	低	薄弱	變動大	更能刺激銷售員工的工作積極性，有利於企業快速佔領市場，或在企業開拓新業務和新市場時利於佔領市場先機

表 6-2-5 銷售人員獎金(佣金)比例的決定

企業銷售有關情況	獎金(佣金)佔整個薪酬的比例	
	較高	較低
銷售人員所屬企業在購買者心目中的形象	一般	很好
企業對各種促銷活動的信賴程度	小	大
企業產品品質與價格的競爭力	一般	強
提供顧客服務的重要性	一般	強
技術或集體銷售的影響範圍	小	大
銷售人員個人技能在銷售中的重要性	強	一般
經濟前景(整個市場環境)	一般	好
其他銷售人員不可控制的影響銷貨因素	少	多

第三節 銷售部的六種基本報酬形式

1. 完全薪水

這個制度下，銷售員每星期或每月收到固定薪水，無論銷售表現好壞。他們的報酬來自調薪。這種制度通常用在銷售的產品之銷售週期很高，或價格非常高的產品。

完全薪水制的優點是銷售支出容易控制。銷售員的薪水除了固定付給外就沒有其他了。

缺點是業務員缺少激勵他們努力工作的誘因。

2. 完全佣金

這個制度下，銷售員獲得的是所銷售的訂單金額一定百分比的佣金。這個百分比可能依產品而不同，利潤愈高的可獲得的佣金就愈多；另外，愈好賣的暢銷品可能佣金愈低。付佣金的時間每家公司都不一樣；有些在接受訂單時，有些是出貨時，有些則等客戶付款後。許多完全拿佣金的銷售員的支出都由他們自己負擔，不過有時公司會負擔額外的支出，例如訓練、到研討會和商展的差旅費等。目前，壽險銷售員都採取完全佣金制，造成人員流動率大，素質不高，嚴重損壞了公司和保險員自身的形象。

完全佣金制度的好處何在？公司不用付出一毛錢，直到銷售員賣出成績。本質上銷售員和公司相約定，就要負責銷售該公司的產品。完全佣金制度的好處是不需要太多開銷就能建立業務團隊。因為佣金通常都很高，因此成功的銷售員所賺的收入也很多。對自己業務能力有信心的人都願意採用完全佣金制。

完全佣金制的缺點又是什麼？其一，公司對銷售員的控制薄弱。銷售員實際上是獨立的銷售代理，尤其強調獨立。他們用不著受公司薪水結構的限制，相對也較難管理。另一個問題是需要做開發市場工作的處女市場產品可以難以獲得好佣金。有能力靠佣金維生的銷售員亦聰明地知道，有些新產品在銷售出去以前，可能會先滯銷一段時間。已經充分開發的領域就容易找到完全佣金的銷售員了，但是那又何必付高佣金給銷售員呢？還有個問題就是優秀銷售員很可能因為長時間工作而放棄。

3. 底薪加佣金

採用這種制度的話，銷售員可支領一筆以後不必扣除的底薪，外加業績的佣金。一般來說，底薪加佣金制的佣金比率更比完全佣金制的低。

底薪加佣金制的優點是，底薪讓銷售員有基本保障；佣金則讓銷售員有向前行的動機。

缺點則是有些銷售員滿足於只拿底薪，根本不想再去衝刺獲取額外的佣金收入。

4.底薪加紅利

底薪紅利制的員工有一筆固定底薪收入，另外，如果業績達到某個標準以上還可另外拿紅利。銷售目標通常每年會變。

優點是業務費用容易控制。除非達到銷售目標才付紅利。依據狀況調整的紅利業績目標讓銷售員有銷售的動機。

缺點則是會誘使管理階層設定較高的銷售目標。等銷售員瞭解目標可能太高無法達到時，通常都會士氣低落。

5.底薪+佣金+預支佣金

這種制度多半為了要吸引一些銷售老手加入新的公司。雙方面都瞭解，這樣的銷售員的收入要等於切都建立妥當了才會達到以前的程度水準。可能公司對一開始的薪水設限。妥協的方法就是除了底薪外預支佣金，這樣銷售員才不會因為到新公司上班而收入有所減損。(這樣的安排通常都設有明確的期限。)

此種制度的優點是讓公司有機會吸收有才能的老手，而他們也有實際業務影響力。

缺點則是公司裏會有一兩個狀況特殊的人物。其他沒有預支佣金機會的人會產生反感。同時讓銷售員在嚴格的壓力下仍能享受這種制度。

6. 預支佣金

這個制度和完全佣金制類似，不同在於公司先墊付銷售員一筆錢，以作為未來的佣金。如果銷售員沒有達到預支的金額，理論上他就欠公司錢。

預支佣金的好處在於銷售員即使達不到好成績，至少還有一點保障。

缺點就是銷售員可能會累積欠公司一大堆業績債，即使以後的業績也難以彌補。如果銷售員曉得破洞太大了，就會很沮喪。預支佣金制最後會造成士氣低落。

7. 銷售經理的獎金

銷售經理的薪水則通常有一筆底薪，外加根據他所管理的所有銷售員業績計算的獎金。這筆獎金通常比單獨銷售佣金的比率更小，但因為是根據區域內的所有業績，因此總數可能大得多。

很多銷售經理本身也要負責直接銷售。這類經理的薪水計算方式，通常是他所直接銷售的業績之完全佣金，加上由他所監督銷售員的業績計算的獎金。問題是，由於完全佣金的比率時常高過獎金，因此有種自然的誘惑，讓他設法把業務都吸引到他自己直接銷售的地區。

那一種制度最適合你的公司？你和公司其他經理人應該公正判斷。沒有什麼完全最好的方法。你得設計一個適合自己公司、產品線、行業和業務團隊所需要的制度。任何成功制度的關鍵在於著重公司整體業績和利潤，而不要只為個別銷售員的收入計劃。

如果公司有銷售員紅利制，多半地區經理也會有紅利。通常視該地區總業績量而定。另外的紅利則視業績產生的利潤而定。公司指定給業務管理人員的責任愈多，這種以利潤為基礎的制度就愈普遍。

第四節　如何決定薪酬方案

一、銷售隊伍的薪酬問題

銷售薪酬的結構的確定，是設計銷售薪酬方案最為重要的環節。不用純薪資制結構和純佣金制結構，採取組合結構，薪酬方案中又面臨一個重大決策：銷售提成應該佔多大比重？

一般來說，足夠和有競爭力的底薪是保健因素，而與績效有關的佣金、獎金及職務提升，被認為是激勵因素。只有那些激勵因素的滿足才能激發人的積極性。這個決策的重要性很關鍵，這是有關激勵性薪酬與保健性薪酬應各佔多大比例的問題。合適的「激勵-保健」比例會有利於實現公司的當前目標和戰略目標，也會協助帶出一批戰鬥力很強的銷售隊伍。

對於銷售員來說，如果保健因素缺失，會引發高度的不滿意，這樣勢必產生高的離職率和消極怠工現象，前者引發銷售隊伍高度不穩定，後者引發銷售效率明顯下降。假如他們的薪資沒有達到平均水準，向其他公司轉移的趨勢自然會高；如果換工作不太容易，那麼怠工率則會急劇上升。怠工並不意味著一定要打電話謊稱生病，銷售員僅僅是少花些時間在工作上便能做到，如在路上的時間多一些，與客戶溝通的時間少一些。這種現象一旦變成趨勢，銷售效率會急劇下降，造成惡性循環。當銷售員產生不滿情緒時，銷售管理者需要重新審視保健因素，改變保健因素，消除不滿，維持原有的銷售效率。但是不要寄希望於提高銷售效率，因為提高銷售效率，需要增加激勵因素。

在銷售隊伍管理過程中，要滿足銷售隊伍的保健因素，防止不滿情緒，但要注意避免保健因素作用的邊際遞減效應，因為銷售員的不滿意度隨著保健因素的增加會減少，但是增加到某個點後，不滿意度隨著保健因素的增加不會有太大變化。銷售經理要善於把保健因素轉化為激勵因素，如銷售隊伍的佣金與獎金與其銷售績效掛鉤。

銷售薪酬方案是許多激勵薪酬計劃中的一種，它是透過將部份目標薪酬置於風險之下，來提供真正的收入上漲的機會，為企業銷售目標的達成提供動力保障。銷售薪酬制度如果規劃得好，公司就可以獲得人數較少但素質較高的銷售人員。

固定收入(如底薪)比重過多，保健趨向過大，銷售成員可能會過於保守；變動收入(如提成)比重過多，激勵趨向過大，銷售成員可能會過於激進，難以控制與管理其商業行為。

那究竟多大的比例好呢？需要具體問題具體分析，可以參照收集行業數據和競爭對手數據，更為重要的是需要根據銷售任務的性質和公司的行銷目標而定。

表 6-4-1 不同職位的底薪提成比例

職務類型	名稱	底薪/變動	測量指標
直接銷售代表	資產經理	80/20	回頭客銷售
	區域代表	60/40	所有客戶
	大客戶代表	75/25	銷售與客戶保留
	接入電話銷售	80/20	上行銷售、交叉銷售
	打出電話銷售	50/50	新客戶銷售
	行業銷售代表	70/30	行業客戶銷售
間接銷售代表	管道銷售代表	75/25	銷售與管道平衡
	原始設備銷售代表	70/30	新配置
零售銷售員	管道終端用戶	90/10	透過其進行的銷售
技術支援員	售前技術支援	90/10	地區銷售
	售後技術支援	100/0	地區銷售

二、最終決定銷售部的薪酬方案

企業竟應如何規劃報酬制度呢？可以根據企業在市場中所處的不同情況來選擇報酬制度。例如當企業處在導入期，需要開拓市場時，一般多聘用開拓型銷售員，此時的報酬制度多會選擇 100% 佣金制，以最大限度地刺激銷售員去開發市場。當企業的產品已經進入成熟期，市場需要維護和管理時，企業多會聘用管理型銷售員，此時的報酬制度多會採用薪水加獎金制度。還可以根據企業所生產的產品來決定選擇什麼類型的報酬制度。

當企業所生產的產品屬於產業用品或工業用品時，所採用的銷售方式多以「推」為主，銷售員大多直接與最終使用者見面，這時售後服務顯得尤為重要。因此在選擇報酬制度時可考慮採用薪水加佣金制度或薪水加佣金加獎金制度，這不但可以提高銷售員銷售的積極性，也能提高售後服務的品質。當企業所生產的產品屬於日常用品或消費品時，這類產品大多銷量大，週轉率高，流轉速度快，銷售員所採用的便不再以「推」銷為主，更多的是使用專業銷售的方式，這時可考慮選擇純粹佣金制度或薪水加佣金制度。

此外，銷售經理也要注意在各類報酬制度不同收入水準之下，可能使企業獲得的邊際收入情況如何。從管理方面的觀點來看，每種方法每支付一元所產生的邊際收入，必須與每一元邊際報酬成本相等。如果由多付一元獎金所增加的收入，大於減少一元薪水所降低的收入，則獎金的比例即可增加。但在這種情況下，獎金對收入的影響，仍比薪水對收入的影響大。

企業怎樣做才能保證企業的薪酬制度有利於提高銷售競爭優勢呢？在實施銷售報酬制度的過程中，銷售經理應做好以下幾方面的工作：

1. 協商底薪

在許多企業，聘用新銷售人員時要協商底薪。協商底薪時，首先，銷售經理要注意新進員工的底薪問題，並根據同行業的情況加以調整。其次，銷售經理一定要注意公平問題和同工同酬的原則，例如，給一位男性求職者的底薪比女性高，可能會違反法律並引起爭議。

2. 把工作變動情況通知人力資源管理部門

銷售經理在調整銷售團隊的工作內容或責任時，要及時通知人力資源管理部門，因為這些工作將被重新評價，而且可能改變相應的薪酬等級。

3. 建議加薪和提升

銷售經理通常會對銷售人員加薪和提升提出建議，為此，提供精確的績效評估具有非常重要的意義。不準確或者帶偏見的評估會導致不公平的薪酬決策，其結果可能會導致員工不滿、工作績效降低，引發跳槽，甚至會引起有關歧視的法律爭端。

4. 幫助銷售人員獲得合理津貼

銷售經理應該對企業所提供的津貼非常熟悉，並把這方面的信息清楚地傳達給應聘者和銷售團隊的成員。銷售經理要幫助銷售人員獲得合理津貼，即使是對要離職的銷售人員。例如，某銷售人員工要跳槽時，銷售經理應說服企業給予其應得的離職補助，以免此人離職後在外面說不利於企業的話，同時，還可與該離職者保持友好的關係，進一步樹立企業的形象。

第 7 章

銷售部門的激勵作法

第一節　為何要激勵

激勵的過程起始於某一被喚起的需要，但是，利用未滿足的需要提高銷售績效則需要三個條件，激勵物必須是銷售人員期望的，也就是說，它可以滿足某些需要，銷售人員必須確信，報酬取決於他們的績效，而且他們必須準確瞭解需要什麼樣的績效來獲得激勵物，銷售代表必須確信這樣的績效目標是可以達到的。換句話說，銷售代表必須認為，如果他們努力，就能達到為他們設定好的目標。

一、激勵銷售人員的重要性

組織中的任何成員都需要激勵，銷售人員更是如此。銷售是一項很辛苦的工作，需要不停地耕耘才有收穫。銷售代表大多單獨工作，工作時間長短不定，並經常遇到挫折。他們經常遠離親人，因而會有更多的個人煩惱；他們面臨著咄咄逼人的競爭對手；他們常常缺乏足夠的贏得客戶所必需的權力，有時還會失去付出了努力而即將獲得的訂單。因此，如果沒有特別的激勵，如物質的獎勵、精神的安慰和社會的承認等，他們是不會全力以赴地努力工作的。

激勵的過程起始於某一被喚起的需要，但是，利用未滿足的需要提高銷售績效則需要三個條件。

首先，激勵物必須是銷售人員期望的，也就是說，它可以滿足某些需要；其次，銷售人員必須確信，報酬取決於他們的績效，而且他們必須準確瞭解需要什麼樣的績效來獲得激勵物；最後，銷售代表必須確信這樣的績效目標是可以達到的。換句話說，銷售代表必須認為，如果他們努力，就能達到為他們設定好的目標。

圖 7-1-1　激勵的條件

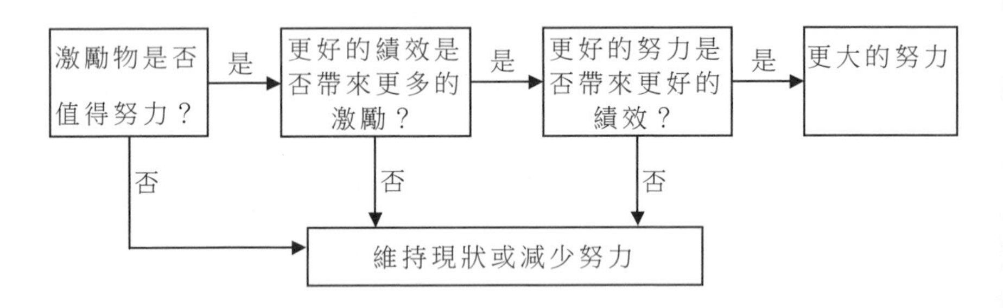

激勵銷售隊伍，可以大幅提昇銷售業績，銷售隊伍士氣是由銷售成員的信念、榮譽、情感、意志和行為等凝結並昇華的一種銷售力量，它是直接影響並支配銷售成員的行為，爭取更多銷售比率的一種精神狀態，是銷售隊伍的一種氣質，是銷售隊伍的靈魂，是銷售成功的最重要的因素。銷售隊伍沒有高漲的士氣，則不論戰略、

戰術、計劃及一切其他工作如何完善，也不能取得任何勝利。

銷售隊伍的鬥志與銳氣，很容易被消磨。有效的激勵會產生高昂的銷售士氣，每位銷售經理要重視銷售隊伍的士氣及其管理　。

二、激勵的層次

激勵若沒有針對恰當的需要，就可能會失敗，銷售經理可以借助於馬斯洛需要層次論和雙因素理論，來理解銷售人員的不同類型需要。

1. 需要層次理論

美國心理學家馬斯洛首創了需要層次論，它是研究人的需要結構的一種理論。他在 1943 年發表了需要層次論。

馬斯洛提出需要的 5 個需要層次如下：

⑴生理需要，這是個人生存的基本需要。如吃、喝、住。

⑵安全需要，包括心理上與物質上的安全保障。如不受盜竊和威脅，預防危險事故，職業有保障，有社會保險和退休基金等。

⑶社交需要，人是社會的一員，需要友誼和群體的歸屬感，人際交往需要彼此同情、互助和贊許。

⑷尊重需要，包括要求受到別人的尊重和自己具有內在的自尊心。

⑸自我實現需要，指透過自己的努力，實現自己對生活的期望，從而對生活和工作真正感到很有意義。

馬斯洛的需要層次論認為，需要是人類內在的、天生的、下意識存在的，而且是按先後順序發展，滿足了的需要不再是激勵因素等。

2. 雙因素理論

20 世紀 50 年代末期，赫茨伯格和助手們在美國匹茲堡地區對 200 名工程師、會計師進行了調查訪問。訪問主要圍繞兩個問題：在工作中，那些事項是讓他們感到滿意的，並估計這種積極情緒持續多長時間；又有那些事項是讓他們感到不滿意的，並估計這種消極情緒持續多長時間。赫茨伯格以對這些問題的回答為材料，著手去研究那些事情使人們在工作中快樂和滿足，那些事情造成不愉快和不滿足。

結果他發現，使職工感到滿意的都是屬於工作本身或工作內容方面的；使職工感到不滿的，都是屬於工作環境或工作關係方面的。他把前者叫做激勵因素，後者叫做保健因素。

保健因素的滿足，是對職工產生的效果類似於衛生保健對身體健康所起的作用。保健從人的環境中消除有害於健康的事物，它不能直接提高健康水準，但有預防疾病的效果；它不是治療性的，而是預防性的。保健因素包括公司政策、管理措施、監督、人際關係、物質工作條件、薪資、福利等。當這些因素惡化到人們可以接受的水準以下時，就會使人們產生對工作的不滿意。但是，當人們認為這些因素很好時，它只是消除了不滿意，並不會導致積極的態度，於是就形成了某種既不是滿意、又不是不滿意的中性狀態。

那些能帶來積極態度、滿意和激勵作用的因素叫做「激勵因素」，這是指那些能滿足個人自我實現需要的因素，包括：成就、賞識、挑戰性的工作、增加的工作責任，以及成長和發展的機會。如果這些因素具備了，就能對人們產生更大的激勵。從這個意義出發，赫茨伯格認為傳統的激勵假設，如薪資刺激、人際關係的改善、提供良好的工作條件等，都不會產生更大的激勵；它們能消除不滿意，防止產生問題，但這些傳統的「激勵因素」即使達到最佳程度，也不會產生積極的激勵。按照赫茨伯格的意見，管理層應該認識到保健因素是必需的，不過它一旦使不滿意中和以後，就不能產生更積極的效果。只有「激勵因素」才能使人們獲得更好的工作成績。

三、選擇激勵方式

企業可以透過物質激勵、精神激勵、環境激勵和目標激勵等方式，來提高銷售人員的工作積極性：

1. 物質激勵

例如獎金，研究人員在評估各種可行激勵的價值大小時發現，物質激勵對銷售人員的激勵作用最為強烈。物質激勵是指對做出優異成績的銷售人員給予獎金、晉級、獎品和額外報酬等實際利益，以此來激發銷售人員的積極性。物質激勵往往與目標激勵聯繫起來使用。

2. 精神激勵

精神激勵是指對做出優異成績的銷售人員給予表揚，頒發獎狀、獎旗，授予稱號等，以此來激勵銷售人員上進。

對於多數銷售人員來講，精神激勵也是不可少的。精神激勵是一種較高層次的激勵，通常對那些受正規教育較多的年輕銷售人員更為有效。他們不僅有物質生活上的需要，而且還有諸如理想、成就、榮譽、尊敬、安全等方面的精神需要。尤其當物質方面的需要基本滿足後，對精神方面的需要就會更強烈一些。所以企業管理層應深入瞭解銷售人員的需要。如有的企業每年都要評出「冠軍銷售員」，效果很好。

3. 目標激勵

目標激勵是指為銷售代表確定一些擬達到的目標，以目標來激勵銷售人員上進。企業應建立的主要目標有銷售定額、毛利額、訪問戶數、新客戶數、訪問費用和貨款回收率等。其中，制定銷售定額是許多企業的普遍做法。

許多企業為其銷售代表確定銷售定額，規定他們一年內應銷售的數量，並按產品分類確定。銷售定額是在制定年度市場行銷計劃的過程中確定的。企業先確定一個可能達到的合理的預計銷售指標，然後管理部門為各分區和地區確定銷售定額，各地區的銷售經理再將定額分配給本地區的銷售代表。確定銷售代表的定額有 3 種觀點：

高定額觀點認為，定額應高於大多數銷售代表所能達到的水準，這樣可刺激銷售代表更加努力地工作；

中等定額觀點認為，定額應是大多數銷售代表所能達到的，這樣銷售人員會感到定額是公平的，易於接受，並增加信心；

可變定額觀點認為，定額應依銷售代表的個體差異分別設定，某些人適合高定額，某些人則適合中等定額。

銷售定額的經驗表明，對於定額，銷售代表的反應是不完全相同的，無論實行何種標準，均會出現一些人受到激勵，因而發揮出最大潛能，而另一些人感到氣餒的情況。有些銷售經理在確定定額時對人的因素極為重視。一般來講，從長遠的觀點看，優秀的銷售人員對精心制定的銷售定額將會作出良好的反應，特別是當報酬制度也按工作業績作適當調整時更是如此。

4. 環境激勵

環境激勵是指企業創造一種良好的工作氣氛，使銷售人員能心情愉快地開展工作。如果企業對銷售代表不重視，其離職率就高，工作績效就差；反之，其離職率就低，工作績效就高。企業可以召開定期的銷售會議或非正式集會，為銷售代表提供一個社交場所，給予銷售代表與公司主管交談的機會，給予他們在更大群體範圍內結交朋友、交流感情的機會。

第二節　銷售員的激勵認知

一、銷售員的生命週期

銷售員進入一家公司，如果他沒有得到職業的良性發展，那麼他的銷售業績或銷售業績增長速度就會呈現一定的週期，類似於職業的四個階段——開拓期、成長期、維持期和衰退期(見圖 7-2-1)。銷售員在這四個階段的需要或動機會有差異。

銷售隊伍激勵的挑戰在於，銷售隊伍是由不同職業生命週期的銷售成員組成的，每個不同時期的銷售員，需要不同的激勵政策。

圖 7-2-1　銷售員的生命週期模型

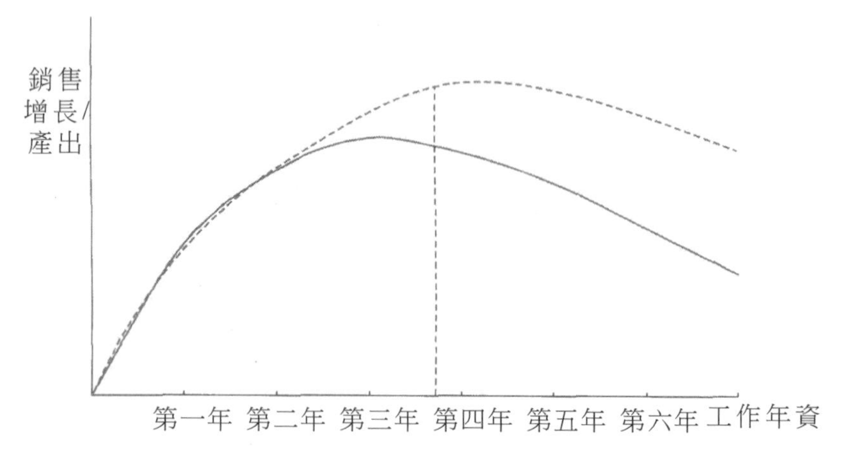

1. 進入公司的第一年內，稱為開拓階段。這一時期的銷售成員應具有很高的成就導向，特別重視培訓的機會。此員工的特點是熱情很高，特別追求銷售技能的提升，並渴望得到上司的認可和關注。銷售業績處在上升階段，在這一階段，銷售員的自信，尤其對自己努力是否會取得期望績效持懷疑，因此銷售經理必須提供回饋信息和鼓勵；同時，這一時期的銷售員他經常會產生挫折感，銷售經理要善用激勵理論引導他們，讓他們保持高昂的熱情。

2. 進入公司的第 1 年至第 2 年，銷售員就進入成長期或發展期，又稱發展階段。這一時期的銷售員會變得更忠於職守，為成功而努力奮鬥，他們對成功的理解是獲得升職、更多的收入、更多的工作認同與更高的工作滿意度。其銷售業績或銷售增長速度處在黃金階段，是公司的業績或業績增長骨幹。

在這一時期，銷售經理必須加強他們銷售技能的專業訓練，並引導他們做好職業生涯規劃。對於這一時期的銷售員，銷售經理要善用期望激勵、目標激勵和強化激勵理論來激勵他們。

3. 進入公司的第 3 年至第 4 年，銷售員就會進入維持期，又稱平台期、疲態期、高原期和職業維持階段。這一時期的銷售員會出現兩種趨勢：極少數銷售員開始了新的第二條生命曲線（業績曲線），大多數銷售員沿著原有第一條曲線，銷售業績開始下滑。這階段是銷售經理最頭疼的時期，也是考驗銷售經理是否高明的時期。一個流動率在 20%左右的銷售隊伍中，有 18%左右的銷售員都處在這個階段。缺乏發展與缺乏晉升是進入高原期的主要原因，早期表現是不再付出更足夠的努力、不再堅持到底、滿足於過去並拒絕變化。他們對努力工作以獲得更大的外在獎勵不感興趣，他們追求拜訪客戶的成功率，而不追求拜訪客戶的頻率與數量，他們不是想如何讓工作變得高效一些，只是想維持現有的收益。

作為銷售經理，需要儘早發現症狀，並與銷售代表討論目前狀況，溝通非常重要，要激發其奮鬥意志，鼓勵其創新方法。銷售經理要設法讓他銷售工作豐富化，花更多的時間和他們一起工作與談心，幫助他們樹立新的目標，給予他們更高級的銷售技能訓練，以及銷售團隊成功學的訓練。

銷售高原區特有的九大信息：沒有足夠地探訪客戶；開始跟不上企業要求；工作時間開始減少；反對銷售管理制度；生活在對過去的好時光的回憶中；文案工作遲緩或品質逐漸不合格；缺勤率開始上升；開始操縱佣金與銷售指標計劃；客戶的投訴數量開始上升。

激勵高原區的銷售員所花費的成本，是招聘新銷售員的成本的 1/5 或 1/6。儘管激勵難度似乎很大，但管理成本依然是較低的，他們只是需要更多的關心與尊重。對於他們的激勵，要在馬斯洛需要層次理論、雙因素理論、ERG 理論和成就激勵理論方面多下苦功夫。

4.進入公司第 5 年至第 6 年的銷售員，如果依然沒有得到職業的晉升，他們就會進入了衰退期，又稱疏離期。這一階段的銷售員已經在精神上已做好了退休或離職的準備。儘管他們有足夠的銷售知識與銷售能力去完成銷售工作，但是他們已經對銷售失去了興趣，對增加薪資的慾望不大，從心理上已經退縮了。他們會把興趣向工作之外轉移，如熱衷於某種嗜好或兼差。除非銷售經理可以重新激發其興趣，否則所有的激勵都是徒勞的。

在銷售員的衰退期，銷售經理也依然不能洩氣，如果處在衰退期的銷售員，其價值觀和公司價值觀吻合度很高，那麼銷售經理不要放棄他們，要設法激勵他們，讓他們實現老樹發新枝，重展輝煌，再立戰功。

二、銷售員的激勵因素認知

提高激勵效果的最有效辦法，要從銷售員的需要著手，從銷售員的內心出發。高薪等物質激勵雖然會起到立竿見影的作用，但也會產生邊際效用遞減效應和棘輪效應。

高效的銷售經理會選擇激勵理論方法組合、激勵維度組合與激勵工具組合等提高銷售士氣，並結合激勵理論指導。他們不僅採取經濟性報酬，還會採取非經濟性報酬。例如，認同與榮譽，如獎狀、獎品與證書等；來自管理層的表揚信；工作的豐富化、更多的授權、晉升等。他們還會讓其他管理手段具有激勵性，如銷售會議、銷售培訓等。銷售會議的目的一般是來傳達公司的長期目標和戰略目標，並闡述銷售員對於實現目標的重要性，增強銷售員對公司的認同與自尊感及自豪感。銷售會議中邀請銷售出色的銷售代表分享其成功經驗，並當場頒獎，會激勵到他本人與整個銷售隊伍。

表 7-2-1　銷售經理與銷售員的激勵因素認知差異

重要性排在第一位的措施	銷售成員數排序	銷售經理數排序
和尊重自己的人一起工作	1	4
提高技能的機會	2	2
有趣的工作	3	9
高薪	4	1
有挑戰性的工作	5	8
對出色工作的認可	6	6
和有效率的領導人工作	7	5
職業(或事業)發展的機會	8	7
好的福利待遇	9	3
不光是執行命令，而要有獨立思考的能力	10	13
工作安全感	11	12
和能傾聽我的創意的人工作	12	11
看重我的最終工作成果	13	10

第三節 銷售主管與銷售員的溝通

銷售主管要善於利用銷售早會、銷售會議、銷售溝通等，協助解決銷售員的問題，提振銷售員士氣。

一、銷售早會

銷售早會是銷售會議的一種形式，它對銷售人員有著重要的激勵作用。早會是主管對於銷售人員(如店面營業員、服務員、導購員)教育的集會。早會是產生一整天活力的起點。早會是對銷售人員實施教育的集會。其指導內容，多在銷貨方面。

前一天就在營業場所做記錄，或整理所研討的要點，作為早會的內容。早會的內容，例如：

①對於營業人員銷售方法(待客、商品知識、銷售方法)合作等。

②對於商品銷售情況的分析、暢銷貨的補充、缺貨補充及預防。

③對於營業場所的明顯的價格牌、陳列方法、營業場所的設計。

早會應以全體工作人員集中於銷售為內容，即讓全體工作人員理解今天的目標，並加以指示。

早會內容應具體提示：

①對於營業人員

· 指定今天的職務代理人。

· 確認今天的人員分配與定位。(包括八字形、口字形或出納

人員的輪班等)

· 認清今天的行事。

· 貫徹服務規則。

②對於銷售工作

· 認清今天(本週、本月)的銷售目標。

· 來自各承辦單位的「今天要把什麼賣多少」的報告。

· 到昨天為止的銷售成績與推測。

· 因氣候變化而改變今天的銷售方法。

③對於商品

· 指示補充銷路好的貨品。

· 從單項貨品管理去指示具體行動。

· 介紹新貨品。

④對於營業場所

· 客人是否能看清價格牌？

· 客人對於陳列貨品的反應如何？

· 教授新的陳列搭配方法。

· 如何設計為客人容易進入的營業場所？

改換吊架的排列，使營業場所更配合銷售。

⑤對於聯絡事項

· 聯絡事項應使全體人員徹底瞭解。

· 來自董事長、總經理及各部門主管的聯絡。

· 本週活動項目(活動項點、主要活動事項)的聯絡。

⑥當作 O.J.T 的場所

· 聯絡事項應使全體人員徹底瞭解。

· 來自董事長、總經理及各部門主管的聯絡。

· 商品知識(包括品質的表示)

· 傳票知識等。

將上列重點，用來實施教育。在早會上所說的內容是否實施，透過巡視營業場所而證實。作為主管，應以身作則去實施早會內容。

二、銷售會議

銷售會議也是一種很好的溝通或激勵方式。

銷售經理主持會議的機會可以說不勝枚舉。要使會議有所成效，事前的準備是相當重要的。諸位不妨在召開會議之前先查核一下本文的要點。在此奉勸大家，把下面這張表(表 7-3-1)格複印下來，在每次開會之前，先行一一查核，以收事半功倍之效。

任何公司都是會議繁多。只要會議開得確實有目的，那麼成效是可以預見的。

若是流於形式的會議，那麼無論如何都難有成效的。不論是主管本身所召開的會議或是參加別人所召集的會議，只要遵照章法，必然會功德圓滿。

當上主管之後，參加會議的次數就隨之增多，甚至有時還要由自己召開會議。

因此，對於開會的意義和目的都要有明確的瞭解才行。可不要被與會的夥伴認為「要他參加開會他卻一言不發，不如不要讓他出席算了。」

或者是在自己召開的會議上遭到批評說「這種毫無效果的會議

究竟要開到什麼時候呢？」這些情況都是應當極力避免的。

表 7-3-1 會議進行方式與員工的意願

	會議形式	主管發言模式	回答的人數比率
A	下達命令型	這件事情就這麼決定，請大家好好努力。	(11.5%)
B	部份發言型	有沒有其他的意見？如果沒有，就照剛才的決定好好去做。	(36.7%)
C	全員發言型	謝謝大家的報告和意見，我們會仔細參考評估。希望在大家的全力協助下，會有好的成績。	(51.8%)

會議的成功與否，和與會人員的準備程度有很大的關係。身為銷售經理，本身應該先建立正確的觀念，將準備工作列為每月的例行作業。一旦習慣之後，不但能夠吸收作業成本，而且還綽綽有餘呢！

不知各位是否曾經想過，在全員會議上，每個人如果都能夠從完整的統計資料報告中看出自己的銷售額及毛利額，是超過還是低於全體人員的平均值，自然就會在心中產生激發的作用。如果沒有事前的準備工作，那來這些成果。

會議中無法發揮激勵作的原因，大致可以歸於兩個老問題。

首先是銷售人員本身的怠惰，其次是主管無能或是公司沒有適當的鼓勵措施，導致無法產生相互關係的效果。

總而言之，提出月報並在會議上運用，不但能夠充實會議內容，同時具有激勵員工的作用。

三、銷售溝通

有些銷售經理能獲得銷售團隊的絕對投入與忠誠。大家願意執行他的指示。好銷售員也不常離職，到別處去闖天下。這樣的經理人受到尊重(而不只是大家喜歡他)。如何才能建立這種忠誠度呢？以下的特點能吸引投入的工作人員：

大多數經理都無法享有親自挑選部屬的自由。有些員工是指派的，有些是別的部門轉過來的等等。當經理人承接新的銷售區域時，自然也繼承了那個區域已有的銷售員。他們有好有壞，也有介於二者之間的。雖然他們的直屬主管或前任經理可能會給你一份他們各人的評估，但還是儘早和這些新屬下面談，熟悉一下，惦惦他們的分量。他們一定也想儘早知道你這個新經理的作風。

和員工談話時，記得要告知公司次年的目標。明白範圍較廣的目標後，銷售員對他們自己扮演的角色才有個較明確的概念。如果公司有任何問題，使預期的目標難以達成也要誠實以對。誠實通常都能消除彼此疑念，因為這在一般經理與銷售員的關係是並不常見。使用這種策略的經理很快就能建立起「有話直說」的美名。

經理應詢問員工對達成目標有何建議。如果建議很好，就試試看。記得給予提議者適當的榮耀。認同、實施、獎勵，這樣有助培養創造力。

也要詢問員工，對達成目標有什麼已察覺到的障礙。要有心理準備，各式各樣的藉口一定會出籠；但是，還是會有些寶貴的意見，告訴你可能的阻礙。有些問題很快就能修正；有些則須仔細計劃；有些則可能超出經理能控制的範圍。

總結會前要做準備的不是只有銷售員。經理也必須做點功課，瞭解部屬過去一個月來的活動，指出問題所在，計劃一下必要的改進方法。

很多銷售員精通蒙混之道。因此針對這樣的心理，經理必須提出明確的問題，要求確實的答案，儘量將問題量化。當詢問銷售員拜訪某特定的潛在客戶時，下列的詢問方法可能管用。

「你何時訪問(XX 公司)？」

「你在那裏和誰會談？」

「此人有權簽約訂單嗎？」

「最後決策須有其他人參加嗎？」

「你們討論了那些產品？」

「他們目前使用那些產品？」

「他們對該次討論的反應如何？」

「他們是否在考慮我們的競爭者的產品？」

「你有沒有做產品示範操作？給誰看了？」

「我們的產品能否解決他們的問題？」

「他們做決定要花多久的時間？」

「你把提案給他們沒有？什麼時候？」

「他們是否喜歡我們的提案計劃？」

「他們對此計劃有預算嗎？」

「可能的訂單金額是多少？」

「何時可結案？」

「怎樣才能繼續下去？」

「我可以幫什麼忙嗎？」

⑴與成績優秀的員工面談

和屬下面談時，把他過去每次銷售記錄都回顧一下。要求他為這次談話略做準備，不要腦袋空空的來。如果那位銷售員過去總是能達成銷售配額，給予稱讚(讚美一直都是最有效的原動力)。如果看出他有任何弱點，則加以幫助；但對於表現一直不錯的部屬來說，當你提供幫助建議時，最好不著痕跡。只要運動員本身能打出好球，不管動作如何笨拙，教練從不加以干預。

⑵與成績差的銷售員面談

和表現令人失望的銷售員面談時，要求他解釋表現不佳的原因(原因會很多)。但態度不要帶威脅性。面談的目的是希望找出不對的方面，加以修正。無論銷售員告訴你什麼理由，都要求他做一份能 100%達成配額的計劃。當然，你是協助他做出計劃，但是讓他瞭解，要讓計劃順利進展是他自己的責任。清楚地讓他知道，你會盡一切所能幫他達成目標。設定期望是經理人管理的最有效方法。目標是為什麼人設的，就要讓他自己負責達成。

⑶允許部下找經理會談

在第一次個別面談中，做評估的不只是經理一個人。被面談的人也會訪問你這個新上司。他們也希望對新上司多瞭解一點。鼓勵這種反向的面談，學會如何接招及回答語帶玄機問題。如果一位銷售員「開玩笑」地提起，很難準時交拜訪報表，你就要重述你對必要的文書作業的立場。如果有人暗示想要加薪，可和他討論薪資復審的程序，和符合加薪和升遷條件的預期表現。

經理對一個人透露的任何事情，都會很快傳遍所有銷售員。當經理人做了足夠的個別面談後，很自然地，就等於不用文字就把自己的政策和部門運作程序公佈出來了，政策和程序一定要用白紙黑字寫了才算數。

第四節　銷售部門要如何激勵

銷售經理若要激勵銷售團隊，就必須選擇合適的激勵方式，並把針對團隊成員個人進行的激勵視為自己的職責。針對銷售團隊成員的激勵方式有以下幾種：

1. 目標激勵

所謂目標激勵，就是銷售團隊把大、中、小和遠、中、近的目標相結合·確定一些可以達到的銷售目標，使銷售人員在工作中時刻把自己的行為與這些目標緊緊聯繫，並以目標完成的情況來激勵銷售團隊成員的一種激勵方式。

作為銷售經理，你應該讓每個業務員感到，他的銷售工作對實現整體的團隊目標同樣重要。如果你忽視了那怕一小部份銷售人員，也就失去了他們產生銷售收入的機會，重要的是，這些銷售人員由於感到不被重視和認可，積極性和自尊心都會受到挫傷。讓每個銷售人員都感到他是這個團隊的一部份，都在為團隊目標的實現作貢獻。銷售經理在每次銷售會議上，不能顧此失彼，要確切地體現「團隊」銷售的觀念。

目標激勵包括設置、實施和檢查目標三個階段。在制定目標時須注意，要根據團隊的實際業務情況來制定可行的目標。一個振奮人心，切實可行的目標，可以起到鼓舞士氣，激勵團隊成員的作用。相反，那些可望而不可即或既不可望又不可即的目標，會產生適得其反的作用。銷售經理可以對團隊或個人制定並下達切合實際的年度、半年、季、月、日的銷售目標任務，並定期檢查，使其朝著各自的目標去努力，去拼搏。

普遍使用的銷售目標有銷售量、銷售額、新客戶數、貨款回收率等，有時還可以將這些目標綜合運用。

2. 榜樣激勵

榜樣的力量是無窮的。在團隊中，大多數人都不甘落後，但往往不知該怎麼做，或在困難面前缺乏勇氣。因而，銷售經理可以在一定時間段內對銷售人員進行評選，把優勝者作為榜樣；透過樹立銷售團隊中的典型人物和事例，表彰各方面的好人好事，營造典型示範效應，使全體團隊成員向榜樣看齊，讓其明白提倡或反對什麼樣的行為，鼓勵團隊成員學先進、幫後進、積極進取團結向上。同時，可以為團隊成員找到一面鏡子，樹立一個榜樣，為其增添克服困難、實現目標、爭取成功的決心及信心。此外，作為團隊管理者，銷售經理要及時發現典型、總結典型，並用好、用足、用活典型。

3. 工作激勵

用其所能，揚其所長，投其所好，避其不足，豐富工作形式、工作內容，合理安排工作任務，透過工作本身對銷售人員產生有效的激勵作用。

4. 培訓激勵

如今，許多企業把培訓作為一種激勵手段，效果十分好。對團隊內的銷售人員進行培訓是一項投資——針對人力資源的投資，針對未來的投資。隨著知識經濟的發展，企業和銷售人員對培訓的作用越來越重視，甚至在轉換職業時都把曾接受的培訓作為一項資歷。

5. 授權激勵

大多數人都願意承擔責任，願意掌握權力。因此，銷售經理要善於向銷售人員授權，實行授權激勵，把本來屬於銷售經理的某些權力授予銷售人員代為行使。授權要將責任、權力一起授予，使銷售人員承擔更多的任務，並享有相應的權力，完成得好還應給予獎勵。不過，要記住，授權和分權是不一樣的。

6. 環境激勵

環境激勵指創造一個良好的團隊工作環境氣氛，使銷售人員能心情愉快地在團隊內開展工作。環境激勵可以直接滿足銷售人員的某些需要，還可以形成一定的壓力和規範，推動銷售人員努力工作，創造優良業績。

7. 民主激勵

充分發揮銷售人員精神，邀請銷售人員參與到企業的管理、重大決策當中去，邀請銷售人員參與到銷售計劃的制訂等銷售管理工作當中去，讓銷售人員有歸屬感、榮譽感和責任感，從而充分激發銷售人員的積極性和主動性。

8. 物質激勵

獎勵就是對人們的某種行為給予肯定和獎賞，使這種行為得以鞏固和發展。物質激勵是最基本的激勵手段，通常也是最有效的手段。在物質獎勵狀態下，能發揮自身能力的 50%～80%。可以運用的物質激勵手段很多，包括薪資、獎金、加薪以及各種福利。但物質激勵會養成人們的依賴心理，一旦把獎勵的內容取消，銷售人員就會失去工作的動力。

9. 精神激勵

當物質獎勵到一定程度的時候，就會出現邊際作用遞減的現象，而來自精神的激勵作用則更持久，更強大。在適當精神獎勵的狀態下，能發揮自身能力的 80%～100%，甚至超過 100%。精神激勵包括表揚(尤其是公開場合的表揚)、發放榮譽獎品和獎章、與企業上司合影、授予稱號等，這是對銷售人員貢獻的公開承認，可以滿足銷售人員的自尊需要，從而達到激勵的目的。

在制定獎勵辦法時，最好本著物質和精神獎勵相結合的原則。同時，方式要不斷創新，要有新穎的刺激和變化的刺激。但反覆多次地使用後，獎勵的作用就會逐漸衰減；獎勵過頻，刺激作用也會減少。

10. 競賽激勵

銷售工作是一項很具挑戰性的工作，充滿艱辛和困難，因此，銷售經理要不斷地給予銷售人員充電的機會。開展各類競賽活動無疑是一個很好的方法。企業常用的競賽激勵有銷售業績競賽、新客戶開發競賽、回款競賽等。

銷售競賽是企業激勵銷售人員的常用工具，它可採取多種形式，充分發揮銷售人員的潛力，促進銷售工作的完成。

11.進行工作調整

在識別銷售人員的個人需求之後，銷售經理就必須確認團隊成員所從事的工作的確能使其受到激勵。如果不能使其受到激勵，則銷售經理有以下幾個選擇：

⑴停止對他(或她)的任命，將其調到更滿意的崗位上去。

⑵進行工作調整以提供其更多機會，或者意識到該工作不能滿足其個人需求而寬容其業績不佳。

⑶根據銷售人員目前以及今後對工作的需求為其進行工作調整。

12.關懷激勵

瞭解是關懷的前提，作為團隊管理者，銷售經理對團隊成員要做到「八個瞭解」，即瞭解成員的姓名、生日、籍貫、出身、家境、經歷、特長、個性特徵；「九個有數」，即對成員的工作狀況、住房條件、身體情況、學習情況、品德、經濟狀況、家庭成員、興趣愛好、社會交往心裏有數。經常與成員打成一片，交流感情，從而增進瞭解和信任，並真誠地幫助每一個人。如果銷售經理能做到這些，定能讓銷售人員倍感親切，有團隊如家的感覺，因此，其責任感也會大大加強。

13.支持激勵

銷售經理要善於支持團隊成員的創造性建議，充分挖掘成員的聰明才智；使大家都想事，都幹事，想創新。支持激勵既是用人的高招，也是激勵銷售人員的辦法之一。常見的支持激勵包括以下幾個方面：

(1)尊重銷售人員的人格、尊嚴、創造精神。

(2)愛護銷售人員的積極性和創造性。

(3)信任團隊成員，放手讓其大膽工作。

(4)當銷售人員工作遇到困難時，主動為銷售人員排憂解難，增加銷售人員的安全感和信任感；當工作中出現差錯時，要承擔自己應該承擔的責任。

(5)向上級誇獎團隊成員。當銷售經理向上級誇讚團隊成員的成績與為人時，團隊成員是會心存感激的，這樣便滿足了團隊成員渴望被認可的心理，其幹勁會更足。

第五節　主管要設法激勵銷售團隊

銷售經理要具備各種能力，充當不同的角色，目的是激勵全體部屬。一個有效激勵的團體，應該有良好的合作精神，這樣才能成為一個常勝的團隊。

在激勵銷售人員士氣的過程中，銷售經理的作用是很重要的。要激勵部屬，銷售經理要有旺盛的精力及堅定的決心。以下是激勵工作對銷售經理的要求。

1. 銷售經理是良師兼教練。要能增加部屬的知識與信心，改變部屬的態度，提高其銷售技巧，給予各方面的指導，使其更有效地進行工作，達到目標。

2. 銷售經理是評審官。要能把部屬表現的績效加以評估，並給予適當的回饋，這樣才能給人指明方向。

3. 銷售經理是團隊的指揮官。指揮部屬熟悉及使用每一種銷售工具和技巧，使每個人充分發揮自己的才能，同心協力，步調一致，使全體人員都有突出的銷售業績。

4. 銷售經理是鼓舞者。要把部屬的希望與夢想從內心激發出來，並用文字或圖案表現出來，使每個人對自己及整體的目標永懷希望。

5. 銷售經理應具備洞悉部屬內心世界的能力。認真思考怎樣才能促使部屬主動地把時間精力放在工作上，及時掌握部屬的動向，為進一步採取措施做好準備。

6. 銷售經理應能以明確的方向指引部屬。領導一個團隊最重要的職責就是要制定一個合理可行的目標，使部屬有明確的方向。要讓部屬瞭解全盤的計劃及目標，並知道每個人的分量及應承擔的角色，更重要的是要使每個人都有達到目標的決心，有完成所定目標的承諾。

7. 銷售經理應具有督導激勵的能力。目標一經制定，要能督導部屬全力以赴，使之達成。經常利用公開的機會對部屬的小成就加以認定，鼓勵部屬更上一層樓。

8. 銷售經理應具有評估追蹤的能力。目標經過共同討論擬定後，銷售經理要能在共同合作的氣氛下解說明白。部屬達到目標時，立即加以獎勵和表揚；若有偏差，則應立即指出，並加以修正。

9. 對每個銷售人員詳細瞭解，鼓勵他們發揮自己的特長，以利於整個集體的發展和成長。

10. 注重銷售人員最關心的事務，不要弄錯了主題，從而不能抓住他們的心。

11.注意銷售人員未表現出來的慾求。銷售人員有的希望升遷，有的尋求能力的認可，有的希望更多的培訓發展，銷售經理要考慮如何去滿足下屬的這些慾求。

12.利用多種技巧去發掘部屬的興趣所在，並思考如何把他們的興趣轉移到工作上。時刻注意是否有人具有特殊才能可善加運用，是否有特殊的創意有助於團體目標的實現。

13.多聽部屬的意見。要經常反省自己：部屬說話時自己是否真正用心傾聽？自己是否做結論太快？

14.與部屬交談時，避免中斷和打擾。不要心神不定，要全身心地傾聽，這樣才能通盤瞭解，避免以偏概全。

15.在與部屬交談時，觀察他們的手勢、眼光及其他隱藏性的信號，以瞭解他們真實的未表達出來的意圖。

第六節　營業部門會議管理

一、業務會議的重要

如何善用會議，是業務主管必修的技能之一，尤其是利用營業部門的「業務會議」，業務團隊可藉以協調或解決銷售問題，進而提升銷售士氣、達成銷售目標。

業務員對於會議工作，往往抱持一種負面看法，這是很不正確之觀念，因爲會議可以協助業務員，尤其是營業部門的主管處理許多日常無法解決之問題。「對於會議工作沒有好感」之最主要原因，乃在於對於會議工作之種種問題沒有正確的瞭解。

爲達到公司經營之目標提升營業部門績效，最有效的工具之一是「業務會議」，「業務會議」有多種，其具有如下之好處：

⑴傳達公司的經營訊息與經營指示。

⑵交換各地區有關同業及本公司、各分公司的廣告促銷及商品消化的市場情報。

⑶交換市場商品的消化及趨勢變化的資訊。

⑷討論加強薄弱地區的銷售力量。

⑸互相觀摩推銷技巧，並發揮效率。

尤其是營業部門的基層團隊(例如課、組)，常利用會議來解決日常所碰到之銷售問題。例如臺北分公司的業務二課同仁，常利用每日、每週召開課內的「業務會議」，其目的有下列數種：

⑴協調解決日常銷售活動上的種種問題，將其結論交與業務員。

⑵訓練業務員的銷售技巧、應對話術。

⑶進行業務員之間的情報交換，並介紹新製品。

⑷指示並傳達公司方針或業務情報。

二、業務會議的類別

召開「業務會議」有很多好處，而每一次「業務會議」的類型、目的也不盡相同，成功的業務主管要懂得「如何主持會議」、「如何參加會議」，利用「會議」的功能，使得工作順利推行。懂得「在適當的地方，做適當的工作」，才不會失態、亂放炮。

所謂「會議」，是有傳達或討論的意義，因此「會議」基本上可區分爲兩種：「傳達會議」(Meeting)和「討論會議」(Conference)。

圖 7-6-1 業務會議的類別

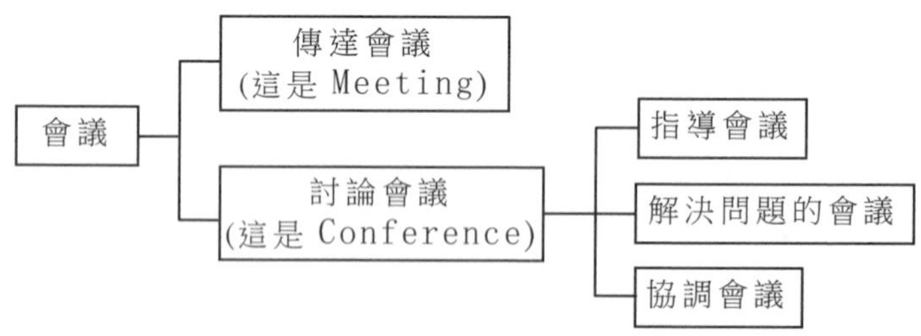

當會議中只有一個人說話，宣告事情的傳達，此種會議，一般稱爲 Meeting，而不稱爲 Conference，狹義解釋的「會議」，必須是指有關於討論(Conference)的會議，因此這類會議因主旨不同

可再區分爲三大類：

⑴指導會議

這種會議之目的，重點不在於得出結論，而是在討論結論的過程，藉著這個過程的指導、參與，令對方得到改善的機會。

例如召開訓練會議以教育各種管理人員，往往使用這種指導會議。

⑵解決問題的會議

爲瞭解決某項問題的會議，例如「大企業加入本行業了，該如何應付？」、「A　地區的業績沒有起色應如何挽救？」、「在最短期間內如何培養新進推銷員戰鬥的方法？」、「如何使推銷員的服務態度振作起來？」……以解決現實的、具體的問題爲目的，要全體與會人員、集思廣益，共商可行辦法，這是最具典型的業務會議。

⑶協調會議

協調會議是甲乙雙方或 A、B 兩個團體的利害關係發生衝突時，雙方爲尊重對方的立場，在讓步與協調中，求得協調一致的會議，例如團體交涉。

三、業務會議一覽表

總公司的管理部門爲了確保「會議」充分達到效果，要使營業部門的「業務會議」系統化，各參與人員均有一致性的瞭解，應編列「業務會議一覽表」，列出各種會議的名稱，召開時間、內容、出席人員等，以利工作的推動。

由於「會議」對推動工作的重要性，因此有管理制度完善的公司裏，各部門都有該部門的「會議一覽表」，使相關人員瞭解到「應出席會議」或「應主持會議」，每年在「教育訓練」課程中排入「如何順利達成××會議」之類的講授課程。表 7-6-2、表 7-6-3 爲兩家公司的「業務會議一覽表」，可供讀者參考引用。

表 7-6-2　業務會議一覽表

會議名稱	召開日期	出席者	會議內容
營業所長會議	每月 3～5 日、五小時	營業所長、各科長	接受訂貨、銷售額、回收貨示、價格、推銷戰、製造、研究等等事宜。
總公司銷售會議	每月 23～24 日三小時	銷售負責人、財務部門	接受訂貨、銷售、回收、售價、營業索賠等事宜。
星期六例行會議	每星期六、三小時	同上及有關科員	推銷員培訓(銷售、技術、製造技術)銷售戰。
商品開發會議	每月第三個星期六、三小時	推銷員、研究廠長	技術專利、競爭對象、行業的動向、研究協會、新產品討論。
聯絡會議	每月一次，在一個公司	股長以上幹部	討論有關銷售的各種問題、研討經濟形勢。
代銷店會議	一年二次	促銷課長	代銷店培訓、銷售、回收的協商、控討各種形勢、懇親會。
代銷店會議	一年一次	總公司人員	

表 7-6-3　業務會議一覽表

會議名稱	主席	時間	地點	與會人員	會議內容	記錄	決議追蹤單位	記錄應送單位
營業會議	業務經理	每月 10 日 上午 9:00~12:00	會議室	1. 業務部份公司主任 2. 各部經、副理列席 3. 總經理、副總經理列席指導	1. 上月份業績檢討 2. 本月份工作計劃 3. 探討與宣佈營業政策 4. 提案及協調事項	銷管課	銷管課	總經理及各部經、副理及與會人員
營業主管週會	業務經理	每週二 下午 3:00~6:00	會議室	1. 總公司營業單位主管人員 2. 總經理列席或派人指導	1. 上週工作成果 2. 本週工作重點 3. 要求支援及協調 4. 專題演講	營企課	營企課	同上
朝會	各營業單位主管	每天上午 8:20~8:30	總公司在第二會議室，各分公司在辦公室	各所屬全體人員	精神、想法統一，鼓舞工作士氣與生活活力	免	免	免
與會名稱	主辦單位	主　席	本部應參加人員	時　間	地　點	應準備資料		
廣告會議	企劃部	企劃經理	總副理 營業課課長	每日 25 日 下午 2:00~5:00	會議室	各分公司主管及經銷商反應意見		
經營會議	企劃部	總經理	經副理	每日 10 日 下午 2:00~5:00	會議室	銷售課準備業績統計圖表、困難點及要求專案決議報告		
產銷協調會	生產部	副總經理	副　理 營業課課長	每週三下午 4:00~5:00	會議室	銷售進度與目標差異，要求生產部品質、零件……等支援事項		
主管會報	總經理室	總經理	經　理	每天中午 12:00~13:00	總經理室	昨日業績及累計、市場動態與人事狀況		

四、業務會議的目的

利用業務會議可獲致相當效果，惟必須先將「會議目的」加以清楚定位，再著手計劃進行，有關營業部門所召開的「業務會議」，其「目的」說明如下：

(1)有關目標、方針、戰略事項

①統一營業方針的發表及其細節。

②關於市場動向、市場大小、市場佔有率、競爭者的動向等情報的交換。

③新銷售區域的分配：有關該地區的情報交換、現有顧客與潛在顧客的說明。

④研商市場開拓方案：潛在顧客的發現，新客戶的開發技巧等。

(2)有關產品計劃事項

①新產品的發表：技術背景及銷售利基點的徹底說明。

②現有產品的改進點等，向技術部門作回饋反應。

(3)關於銷售促進事項

①行銷部門與銷售促進、廣告部門戰略的配合。

②協助零售商的新趨向、新促銷活動的研究。

③推銷策略的進行方法：各人擔任業務的調整。

(4)實績的評定與反省

①上月推銷實績的檢討：成功與失敗的比較，特別是原因的分析。

②目前營業上障礙點的克服方法。

③銷售預算制的現狀及其改進點。

⑸推銷員的活動方法

①關於計劃與訪問路線，時間運用方法的研究與問題的解決。

②根據銷售效率雷達圖，探明問題點及其改進之道。

⑹推銷員洽談的技巧

①推銷員工作情緒的提高：向目標挑戰，共同表示決心。

②推銷員教育的目的：採以角色扮演法，改進洽談與產品展示。

③有力的促成銷售說話方法研究。

④關於人際關係問題改進方法的研訂。

⑺關於營業的改進事項

①從接受訂單到出貨、交貨的內部業務改進檢討。

②逾期不交貨如何處理？

③收款方法的研究，信用調查結果的發表。

④處理顧客抱怨的模式構想。

⑤客戶有倒閉傳聞的對策。

5. 業務會議之規劃

在召開「業務會議」之前，要詳細規劃。一個會議計劃包括下列項目：

⑴會議目的

業務會議有多種目的，例如檢討上月績效，介紹推銷技巧等，事先能確定，會議目的才能順利達成。

⑵會議主席

會議主持人，可能是單位負責人，或是有權批准決議的人。

⑶出席人

出席人應經過選擇，與本會議具有相關性，對議案要負全部或一部份責任。如果邀請一些對會議不相關的出席者，只會降低會議品質與會議效率。

⑷會議時間、會議地點

會議召開的時間，原則上以方便參加者、出席人的時間爲準，不要妨礙各單位主要業務的進行，會議之通知單，宜早發出，以方便出席者能及時安排出席此會議的時間。

會議地點以方便此會議目的爲準，例如「產銷協調會議」在工廠會議室；討論全省各分公司的業務，則由各公司經理北上到總公司會議室召開。

⑸會議的課程

會議要有事先預期之目的，而且有進行過程，即就是「議程」；議程的主要目的在於事先列明整個會議的內容、程式、架構、時間，以便主席有效控制，而參與者也能事先瞭解。

⑹會議的記錄

會議的記錄，有二層意義，公司應要求每一個當事人在會議中要加以記錄，但他卻記錄自己所相關的重點，因此應有整體會議的記錄檔，指定專人執行，寫妥會議記錄後，呈閱主管即複印送相關人員。

⑺會議的追蹤

一些會議的通病是「會而不議，議而不決，決而不行」。會議的結論，如果沒有執行，形同虛設；執行後沒有追蹤，則難以創造會議效果。會議的結果，是要達成目標或解決問題，爲達到有效經營，在會議中要有決議，而指定專人執行或負責追蹤，追蹤執行的結果如何，可留待下次會議進行時，當司儀喊「上次會議的追蹤報告」時，由當事人加以報告。

⑻會議的各項準備工作

會議欲進行順利，各種工作應事先準備妥當，例如會場分發的資料。出席人所寫的議題，現場的佈置、視聽設備，往返的交通車輛，茶水、毛巾等；爲方便起見，各種「業務會議」的準備工作，應以書面列明「工作明細表」，避免屆時有所遺漏，影響到現場的會議效果。

表 7-6-4　會議追蹤表

議決工作項目	負責人	追蹤記錄			追蹤意見
		第一次	第二次	第三次	

使用說明：

1. 會議召開前，由秘書針對上次會議的交辦事情，秘書交此單給交辦負責人加以填寫，並在會議時報告。

2. 左側的(議決事項)由秘書填寫。右側的「追蹤事項」由執行人填寫人填寫。

表 7-6-5 業務會議之議程

一、適用會議：業務部的經營會議

二、上述會議的議程如下：

議程	時間
1. 司儀宣佈開會 主席報告	14：00～14：10
2. 上次會議的追蹤報告	14：10～14：20
3. 各課主管報告 企劃課 管理課 臺中分公司 臺南分公司 臺北分公司 花蓮分公司	14：20～15：20
4. 休息	15：20～15：30
5. 提案對討論事項	15：30～15：50
6. 臨時動議	15：50～16：00
7. 上級指導	16：00～16：10
8. 主席結論 決議事項，追蹤事項	16：10～16：20

三、散會

表 8-7　營業部門議程表

4/14(星期一)		4/15(星期二)	
		07：20～07：50	早餐時間
		07：50～08：50	特案報告 (各分公司報告人員)
		09：00～10：00	
		10：10～11：00	色彩的應用與店面佈置 (外聘講師)
		11：10～12：00	
		12：00～13：20	午餐及休息時間
13：50～14：00	訓練事項說明 (營業課)	13：20～14：10	促銷部、行銷管理部有關注意事項報告 (促銷部、行銷管理)
14：00～14：20	開訓致詞 (副總經理致詞)	14：20～15：10	
14：20～15：10	新店開拓 基本常識介紹 (促銷課長說明)	15：20～16：20	綜合檢討(協理致詞)
15：20～16：10		16：30～16：50	總經理(黃憲仁)致詞
16：20～17：10		16：50～17：20	1. 頒獎、頒佈目標 2. 結訓致詞(協理致詞)
17：10～18：20	晚餐時間	17：20～	大會餐
18：20～19：40	1. 國內通產業今後的發展趨勢 2. 商店行銷的特質 (外聘講師)	1. 結訓賦歸 2. 預計在 19：00 搭車返北 3. 中、嘉、高人員由汐止上高速公司返回各分公司。	
19：50～21：00			
21：00～22：30	沐浴休息		
22：30～	熄燈就寢		

第 8 章

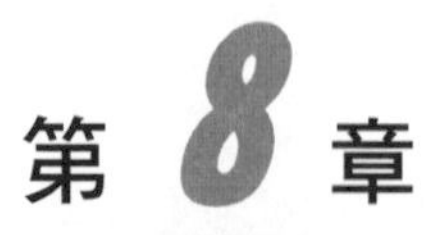

業務員的推銷計劃與執行

第一節　業務員轄區的時間管理

一、時間管理的緊迫性

時間就是金錢。如果一位銷售員一年工作 240 天，每天工作 8 小時，那麼一年就工作 1920 小時。

如果一位銷售員一年賺 10 萬元，那麼每小時將值 52 元。而這 1920 小時中，真正花費在顧客身上的時間不多。在美國，典型的優秀銷售員的年銷售時間為 920 小時，佔工作時間的 48%左右。換句話說，如果銷售員的收入為銷售額的 10%的話，那麼意味著銷售員必須保證每小時賣出價值 1087 元的商品，才能掙到 10 萬元的收入。公司擁有員工的工作時間，儘管工作時間是不可替代的稀缺資源，但銷售員對工作時間擁有的分配自由度比其他員工大得多，不同的銷售員用於銷售時間是不一樣的。因此，公司就必須從兩條途徑來保證銷售員實現其年收入：提高其銷售能力和增加其銷售時間。

首先銷售主管有必要瞭解這些工作時間到底是如何分配的。可惜在多數情況下，銷售員交上來的報告總是含糊其辭，看了這些報告經理們更是一頭霧水。工作時間就這樣被「黑洞」吞掉了，銷售員經常被繁多的行政瑣事所困。文書工作、預算、內部會議、培訓、出差，還有行銷方面的各種要求都在吞噬著銷售員本該用於開發客戶的工作時間。

二、為何要善用時間制定拜訪計劃

推銷計劃不僅是公司考核推銷員工作的依據，也是推銷員取得良好推銷業績的前提和基礎。制訂推銷計劃對推銷工作具有重要意義。

1. 可以提高推銷成功率

推銷員通過編制推銷計劃，事前就將在推銷中可能遇到的各種問題與障礙考慮清楚，備好多種符合現實的對策。實際推銷時，就能自如地應對各種局面；通過有效的推銷技術設計，可以使推銷過程的策略運用得更恰當合理，提高客戶態度轉變的有效性，並最終達成交易；通過恰當的推銷進程安排，可以避免可能出現的反覆，獲得更多的有效商談機會；有了充分的計劃準備，給推銷員以更多的自信，有利於提高推銷成功率，增強推銷效果。

2. 提高推銷效率

制訂推銷計劃可以更好地發現，推銷員在推銷過程中的問題，幫助推銷員提高推銷效率。

據一項調查顯示，優秀推銷員和一般推銷員在交通時間相同的情況下，在時間安排上有明顯差別(見表 8-1-1)。

表 8-1-1　優劣推銷員時間安排對比表

優劣推銷員	準備	等候面談	開拓新客戶	接觸和交易	聊天
優秀推銷員	21%	6%	22%	40%	11%
一般推銷員	13%	12%	11%	21%	43%

從表中可以看出，優秀推銷員和一般推銷員在時間安排上的明顯差別是，優秀推銷員用於準備、開拓新客戶和接觸及交易的時間多，而一般推銷員用於等候面談和聊天的時間多。這一調查結果為推銷員怎樣有計劃利用時間提供了參考。

3. 能夠有效地促進推銷員自律

推銷工作的特點是自己可以安排工作日程，決定每天的工作量。這種工作方式的優點是靈活，便於推銷員根據實際情況調整自己的工作時間和任務；缺點是要求推銷員有良好的自律性，否則容易養成懶散習慣。利用計劃的方式可以有效地促使推銷員規範自己的行為，提高推銷員的自驅力，在計劃幫助下有效地工作。

4. 可以有效地提高時間利用率

制訂推銷計劃可以節省時間和有效利用有限的時間。

制訂推銷計劃可以事先合理分配不同客戶、不同區域的訪問時間。客戶有不同類型，不同客戶對企業的價值不同，推銷員對不同客戶的訪問時間也應該有所區別；不同的區域市場成熟度不一樣，推銷員所需的訪問時間也不應一樣，推銷計劃可以事先適當地計劃各個市場部份的推銷服務時間。

推銷計劃事先優化了推銷路線和拜訪推銷對象的順序，可以節省推銷人員的在途時間。

三、確定拜訪頻率

拜訪頻率一定要適度。許多銷售人員都以為業務量大的客戶或目標顧客都必須進行頻繁的拜訪，這個想法並不一定正確。客戶採購人員的工作一般都很忙，過於頻繁的拜訪可能會浪費他們的時間，影響他們的工作。但過少的接觸又可能會給競爭對手乘虛而人的機會。所以，在確定拜訪頻率時必須考慮如下因素：

首先，是否有工作需要。想要留住客戶，最關鍵的是滿足對方的需求，既包括產品品質、交貨安排、價格、服務等因素，也包括銷售人員的拜訪次數要恰當，能夠滿足對方採購工作的需要。

其次，與客戶的熟識程度。雙方熟識、關係穩固的客戶，透過電話的聯繫也能夠解決工作上的需要。透過電話接觸，可以節省雙方的時間，也可以節約銷售人員的交通費用。雙方交易穩定，客戶需要比較固定，而又沒有太多的細節需要洽商或特殊情況需要處理的，可以透過銷售協調員進行聯繫，以減輕銷售人員的工作負擔。但銷售人員仍然需要主動地保持與客戶的接觸，詢問客戶是否有銷售上或服務上的工作需要協助處理。而且，間隔一段時間之後，銷售人員應該安排時間對客戶進行拜訪，以維繫相互之間的交情。

最後，還要考慮客戶的訂貨週期。這就需要銷售人員與客戶建立良好的關係，對客戶的生產經營活動有一個比較全面的瞭解，從而可以準確地判斷出客戶什麼時候會訂貨等。

第二節　銷售員的轄區拜訪計劃內容

推銷計劃是指將整個推銷的目標、拜訪顧客的路線、推銷洽談要點、推銷策略和技巧、推銷訪問日程安排等所有方面進行詳細描述。詳細的計劃有助於其他人明確計劃制訂人的意圖，也有利於執行者的實際操作，避免出現操作歧義，制訂人需要較高水準。缺點是太複雜，制訂困難，操作死板。

一、訂定推銷計劃

推銷計劃內容的繁簡並無一定之規，各企業可以根據自己的情況，自行確定。通常高級推銷人員與推銷管理人員的計劃可以簡略，初級推銷人員計劃必須詳細。因為初級推銷人員經驗欠缺，需要計劃週全，如果計劃不細，碰到具體問題可能束手無策；而高級推銷人員與推銷管理人員由於經驗豐富，應對自如，隨機應變更有利於提高推銷業績。

推銷計劃根據表現形式，可以分為表格式、文字表述式與綜合式。

表格式，即採用填制規定表格的方式制訂計劃。優點是簡單明瞭，易於填制；缺點是內容過於簡略，不易於實際操作。

文字表述式，即採用文字進行詳細表述的方式制訂計劃。優點是內容詳細，考慮週全，易於操作；缺點是過於複雜，不易於寫作與理解。

綜合式，即採用文字表述與表格填制結合的方式制訂計劃。優點是內容詳細，表現形式多樣，便於理解與操作；缺點是太麻煩，初級人員寫作有難度。

推銷計劃根據內容，可以分為目標計劃與行動計劃。

目標計劃是推銷目標的分解，分解的方式包括：時間分解，要求從年總目標分解到月目標、週目標，最後落實到日目標；區域分解，要求從大區分解到最小單位；部門分解，將目標分解到具體的各個部門；人員分解，分解到具體的每個人身上。

行動計劃是推銷付諸行動的具體方案，是推銷人員採取行動的具體規劃。行動計劃必須具體、詳細、具備可行性、容易執行。

二、推銷計劃的內容

推銷計劃的內容可以形象地用「5W1H」來表示。

1. WHAT(什麼)，推銷品，指推銷的東西是什麼

推銷員必須深刻瞭解自己銷售的產品或服務的相關知識，這樣才能讓客戶放心購買。主要應明確自己產品的 USP(unique selling point，獨特賣點)、相應的證明及為客戶帶來的利益。

2. WHEN(什麼時間)，指拜訪客戶的時間

是計劃在一天工作開始時推銷，還是在一天工作結束時推銷，

抑或在一天工作中最繁忙的時間推銷；是在天氣好時推銷，還是在天氣不好時推銷等。恰當的推銷時間的確定必須站在客戶的立場上，充分瞭解、考慮客戶的作息時間，才能獲得最佳的推銷商談結果。

選擇適當的推銷時間很重要。在不適當的時間訪問客戶，客戶也許不在或者無暇搭理你。

3. WHERE（什麼地方或什麼路線），指拜訪的客戶所在地及最佳拜訪路線

推銷員要選擇合適的推銷區域，然後規劃好推銷路線，減少消耗在路上的時間，以增加與客戶見面的時間。

要根據銷售潛量、推銷人員能力、行業特性等因素，選擇計劃好推銷區域。

選擇路線時也還得考慮商品的性質以及推銷員自身的個性、能力、興趣以及用於各種交通工具的花費等因素。

總之，規劃一個良好的線路是很重要的，如果推銷員已經被旅途中花費的許多精力和時間弄得心煩意亂、筋疲力盡，那有更多的精神與客戶認真地洽談呢？

4. WHO（誰），就是推銷員想要把東西賣給誰

推銷對象是潛在客戶還是現實客戶？是推銷員喜歡的客戶還是討厭的客戶？

推銷員應如何選擇客戶呢？大多數推銷員喜歡與反應熱烈或者溫和的人打交道，而不喜歡與沒有反應或者反應冷漠的人打交道。但由於推銷員推銷活動的目的是推銷商品，獲取利潤，客戶選擇不能受情感約束，需要推銷員理智地選擇。

推銷員應該根據情況，不斷調整自己拜訪客戶的類型與花費的時間和精力，做到既照顧到階段性重點客戶，又兼顧其餘客戶；既考慮當前的推銷任務實現需要，又為將來做好準備。這樣才能實現最後的推銷目標。

5. WHY（為什麼），推銷原因，是指拜訪客戶的目的與想要達到的目標

推銷目標和推銷目的含義不同。推銷目的是為什麼去推銷，期望達到什麼成果，推銷目標就是在特定的時間內所追求的具體成效，使客戶會採取的行動。

推銷的目標分為兩類：一類叫積極目標；另一類叫基本目標。

積極目標是需推銷員經過一番努力，巧妙地運用各種技巧才能達到的。它需要推銷員有積極性、創造性和靈活性。積極性目標有：找到關鍵人物；爭取結識總負責人；瞭解競爭對手情況；獲得向客戶做商品示範或介紹的機會；爭取簽訂商品買賣合約；解決客戶抱怨。

基本目標是推銷員應完成的，它包括：使客戶瞭解你和你的商品的存在；給出你的報價和其他優惠條件；弄清客戶需要的商品和服務的信息資料。

6. HOW（怎麼做），推銷的具體方案，是指怎樣進行推銷

怎麼做是推銷計劃的重點，它是推銷目標得以實現的保證。推銷員應該在推銷之前，認真制訂推銷的具體方案。在制訂時，要特別注意可行性與操作的便易性。主要從以下幾個方面著手制訂方案。

・選擇合適的推銷模式　　・找出客戶拒絕購買的理由

・找出客戶購買的理由　　・認真準備推銷話術

・進行情景模擬

人們常說「計劃你的工作和按你的計劃工作」，推銷員必須學會制訂推銷計劃，並將計劃切實執行，再對執行情況進行檢查，以不斷總結和改進計劃，提升自己推銷計劃制訂的科學性。

表 8-2-1　部門別及客戶別銷售額計劃表

<table>
<tr><th rowspan="2">部門別</th><th rowspan="2" colspan="2">客戶別</th><th colspan="2">去年同月</th><th colspan="2">1 月計劃</th><th colspan="2">2 月計劃</th></tr>
<tr><th>銷售比重(%)</th><th>銷售金額</th><th>銷售比重(%)</th><th>銷售金額</th><th>銷售比重(%)</th><th>銷售金額</th></tr>
<tr><td rowspan="5">1.×××分店</td><td rowspan="2">A 級客戶</td><td>①②③</td><td></td><td></td><td></td><td></td><td></td><td></td></tr>
<tr><td>合計</td><td></td><td></td><td></td><td></td><td></td><td></td></tr>
<tr><td rowspan="2">B 級客戶</td><td>①②③</td><td></td><td></td><td></td><td></td><td></td><td></td></tr>
<tr><td>合計</td><td></td><td></td><td></td><td></td><td></td><td></td></tr>
<tr><td colspan="2">合計</td><td></td><td></td><td></td><td></td><td></td><td></td></tr>
<tr><td rowspan="5">2.×××分店</td><td rowspan="2">A 級客戶</td><td>①②③</td><td></td><td></td><td></td><td></td><td></td><td></td></tr>
<tr><td>合計</td><td></td><td></td><td></td><td></td><td></td><td></td></tr>
<tr><td rowspan="2">B 級客戶</td><td>①②</td><td></td><td></td><td></td><td></td><td></td><td></td></tr>
<tr><td>合計</td><td></td><td></td><td></td><td></td><td></td><td></td></tr>
<tr><td colspan="2">合計</td><td></td><td></td><td></td><td></td><td></td><td></td></tr>
</table>

第三節　銷售轄區的拜訪管理

時間就是金錢，銷售人員必須善於運用每天的時間，提高效率，追求最大的工作效益。銷售人員每天都有很多事情要做，例如，以電話或其他的方法尋找目標顧客，與目標顧客進行面對面的接觸開展銷售，處理合約、報告等文件，為顧客提供售後服務，還有出差或者等待顧客等許多花費時間的事情。面對這許許多多的工作，如果能夠有效地做出計劃，減少時間上的浪費，就能夠提高工作效率。

銷售經理必須瞭解這些工作時間的花費，這樣才能最有效地計劃和運用時間資源，從而更有效地安排下屬的工作，使銷售人員的時間能夠最有效地運用到銷售工作中去。要幫助銷售人員做好工作計劃，使每一個顧客都能夠得到恰當的照顧，從而增加產品的銷量，創造最好的效益。

時間管理變得越來越迫切了，銷售經理必須對銷售人員進行時間和區域管理。一般來說，主要包括為銷售人員規劃路線、確定拜訪頻率和時間管理等。

很多公司要求銷售員運用電話和網路作為現代銷售工具，目的就是充分利用銷售員的工作時間，提高銷售時間。增加銷售隊伍的銷售時間，除了銷售行政管理的精化、電腦運用及現代銷售工具的運用之外，很多公司還要求銷售管理者為銷售區域覆蓋管理擔起管理責任，就是透過為銷售隊伍規劃路線和制定銷售訪問戰略來管理他們的拜訪時間。

拜訪路線規劃是指確定銷售員在各自區域拜訪客戶時應遵循的正式模式的一種銷售管理活動。這種模式一般是在銷售地圖上或列表上標識出來，並說明銷售員拜訪覆蓋區域內每個客戶的順序。雖然拜訪路線規劃是一種銷售管理活動，但它並不僅僅是銷售管理層的工作，更重要的是銷售員要把路線規劃作為他們工作的一部份。

銷售管理層幫助銷售員規劃銷售路線，目的是減少途中時間，從而提高銷售時間，讓銷售員不要在路上疲於奔波，而可以大大增加訪問次數與訪問時間。美國研究表明，銷售員根本不需要把 1/3 的日常工作時間花在路上。按照這個比例，銷售代表一年內有 4 個月左右不在客戶辦公室，而在途中。因此，路線規劃可以確保有序且全面的市場覆蓋來減少途中時間和差旅費。

一般而言，銷售員會選擇最輕鬆且最舒適的工作路線，而不是最有效的路線。如果讓銷售員自己確定銷售拜訪路線，他們會為了一週能在家裏多待幾個晚上，而在區域裏來回穿梭和原路返回。

同心圓可以說明銷售員自己規劃銷售拜訪路線時常常發生的問題。最小的橢圓 X 代表銷售員的家，第二個橢圓 A 離銷售員的家最近，A 橢圓上有公司要求拜訪的顧客，我們把它稱作 A 區域，第三個橢圓為 B 區域，第四個橢圓為 C 區域。假設 A、B、C 的潛力都一樣，三個區域都由一個家在 X 的銷售員管轄，一年半載後會出現什麼結果？無數次實驗表明，銷售額在這三個區域會出現 A＞C＞B 的情況。

圖 8-3-1　銷售員自己規劃銷售拜訪路線所帶來的問題

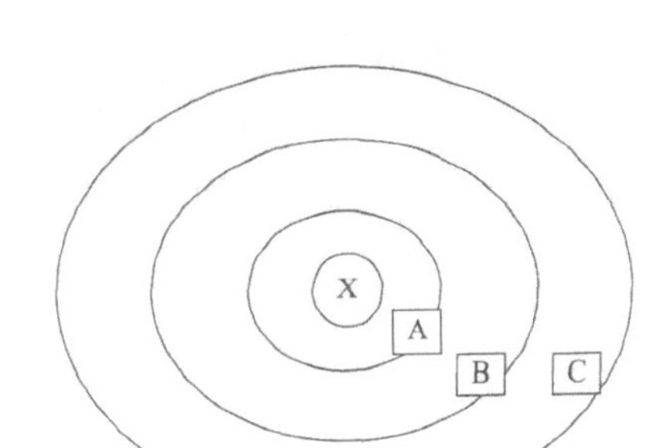

為什麼呢？A 區域一般是銷售代表做得很好的區域，因為 A 區域離家很近，銷售代表在 A 區域可以進行全面的銷售工作，並很容易回家過夜，所以拜訪頻率會很高。C 區域一般是做得第二好的區域，因為在 C 區域，銷售代表不得不在外過夜，所以能集中精力進行銷售工作。而 B 區域一般是有問題區域，因為銷售代表想晚上回家，就不能工作一整天，B 區域的實際銷售會大大低於其銷售潛力。

銷售經理常認為，用一個缺乏彈性的銷售訪問路線規劃指導銷售員的拜訪，會抑制銷售員的主動性。他們認為，現場銷售員才是確定客戶訪問順序的最佳人選。同時，他們認為市場環境時刻在變化中，制訂一個固定的銷售訪問路線計劃限制了銷售員的隨機應變，容易造成銷售員的心理不滿。高素質的銷售員不需要什麼路線規劃，如果給他們強加限制的話，他們可能會牢騷滿腹。限制了自由，會引起士氣的下降，得不償失。也有的銷售經理認為，銷售收入與銷售額直接掛鈎，為了獲得更多的銷售收入，他們自己會設計效率最大化的拜訪路線，否則他們就是傻瓜，不值得留在本公司。這些觀點有一定的道理，但是規劃與設計拜訪路線的本領，不是每個銷售員天生就具備的，與其讓他們摸索出最佳的拜訪路線，不如在他們一進公司，就與他們一起設計最佳拜訪路線。那些具有路線規劃思維的銷售管理者，在銷售區域設計的時候，會盡可能考慮到交通便利和客戶的集中分佈，不會把兩個相隔很遠的客戶劃到一個銷售區域。很多成功的公司會在實際工作中，允許銷售員適度調整銷售拜訪路線，只需彙報即可(無論是提前還是滯後)。他們把事先設計與規劃的銷售訪問路線，稱為例行訪問路線；遇到特殊情況，採取的拜訪路線稱為可變訪問路線。

拜訪路線規劃對新進公司的銷售員很有幫助，可以讓他們一開始就養成好的習慣。那些成功的公司會採取制訂計劃和拜訪路線規劃的指導方針，他們會在新銷售員剛進入公司的前兩週，指導銷售員設計出高效率的拜訪路線圖，教會銷售員設計和規劃銷售拜訪路線。這樣指導路線設計，新銷售員就不會困惑無助，他們從一開始就最大限度地利用每天的黃金般的銷售時間，花費在行程上的時間大大減少，不僅避免了路途費用(出差費用)的浪費，也避免了銷售員由於過度奔波而導致的疲憊和由此產生的工作厭倦。

在制訂銷售拜訪路線規劃時要考慮產品與工作特點。如果拜訪頻率需要有規律，工作內容有慣例，那麼路線規劃就比不規則拜訪時容易得多。產品為藥品、雜貨、香煙或硬體，需要有規律拜訪，否則客戶極容易選購其他供應商。例如，一個雜貨或硬體零售商根據銷售員的規律性拜訪，如每週二上午，制訂採購計劃。如果銷售員的拜訪時間沒有規律，零售商就很可能尋找其他供應商。

地域遼闊，一個銷售人員往往要負責好幾個城市，甚至好幾個省的銷售工作，出差時間會佔銷售人員可用的工作時間的相當比例。據統計，大部份銷售人員把 1/3 的工作時間花在路上。因此，銷售路線的規劃就顯得非常重要。對於大部份的城市來說，路線安排仍然是令銷售人員頭疼的一件事。

為了進行路線規劃，銷售人員應該把當前顧客和潛在顧客的位置用點在區域地圖上表示出來，即繪製銷售區域的位置圖。銷售人員可將所在區域的商業地圖備齊，然後繪製出銷售人員所在銷售區域的地圖，再將銷售區域內各個當前顧客和潛在顧客一個一個地照實際地理位置標在圖上，同時標出競爭對手的經銷店和本企業的經銷店(用不同的顏色標出)。根據此地圖就可以估算出本企業在此轄區內的市場競爭力強弱。

有了銷售區域位置圖後，銷售人員就可比較容易地規劃出自己的走訪路線。有幾個問題必須注意：其一，必須綜合考慮，統籌安排，儘量用最少的時間、最少的費用，走訪盡可能多的客戶。其二，銷售人員每一次做出差計劃安排的時候，首先要考慮和列出要拜訪那一些客戶或者目標顧客？拜訪的工作目的是什麼？拜訪的時機是否適當？然後根據確實需要進行拜訪的目標數量和所在地考慮出差日程和路線的安排。其三，制定出差日程和路線的時候需要考慮當地的交通情況，避免因為交通工具的銜接而浪費時間和延遲行程。其四，在出差路線的安排上，除非有足夠的理由或特殊的原因，否則，應該避免來回的折返，以免浪費時間和差旅費用。合理的差旅路線安排能夠節省時間，使銷售人員能夠將工作時間最大限度地用於與客戶的接觸，從而增加銷售。合理的出差路線安排也可以減少差旅費用的開支，避免銷售人員由於過度奔波而導致疲憊和對工作的厭倦。

第四節　為銷售隊伍制定銷售訪問戰略

路線規劃是一個分配時間資源的方法，銷售員有必要根據客戶的購買潛力將其分類，以避免在低潛力的客戶身上花費過多的時間資源。客戶的分類管理就意味著銷售員用最富有成效的方式來處理包括時間在內的所有資源進行分配。

圖 8-4-1　銷售訪問分配方格

第三區域 吸引力：客戶具有很大的潛力吸引力，因為這部份客戶可以提供很高的成交機會，儘管當前的銷售組織處在弱勢地位。 銷售訪問戰略：對這類客戶應該安排較多的面對面式的銷售訪問以加強銷售組織的地位。	**第四區域** 吸引力：客戶有很大的吸引力，可以提供高成交機會，銷售組織也具有強勢地位。 銷售訪問戰略：對這類客戶應該進行較多的銷售訪問。銷售訪問形式可以多元化，但面對面的銷售訪問依然佔主導，因為他們是銷售組織當前最青睞的客戶。
第一區域 吸引力：客戶沒有吸引力，因為這部份客戶僅能提供很低的成交機會，銷售組織又處在弱勢地位。 銷售訪問戰略：對這類客戶應該安排較少的銷售訪問，並盡可能選擇電話、網路與直郵等方式代替面對面的銷售訪問。	**第二區域** 吸引力：客戶有幾分吸引力，因為銷售組織有強勢地位，但是未來發展機會有限。 銷售訪問戰略：對這類客戶應該安排適中的銷售訪問，同時用電話、網路與直郵等方式進行銷售訪問。

常規的客戶分類方法有 ABCD 分類法、客戶演進階段分析法和銷售訪問分配方格分析法。這裏重點介紹田字方格分析法，銷售員轄區內的每個客戶都能在圖 8-4-1 中所顯示的四個區域裏找到定位。分類是銷售員按照以下兩個維度對客戶的評估來確定的。

首先，客戶機會維度表示客戶需要多少產品、客戶是否能夠購買產品。銷售員在確定客戶機會時，要考慮的因素有客戶的購買潛力、增長率及財務狀況，這是對客戶整體購買潛力的一種測算。

在圖中為縱坐標，從下到上，客戶機會由低到高。其次，地位優勢維度表示銷售員和公司在向客戶銷售過程中的影響力度的大小。決定地位優勢的因素有當前客戶購買產品所佔的比率、客戶對公司和銷售員的態度、銷售員與客戶主要決策人之間的關係等。橫坐標從左到右，銷售組織地位從弱到強。地位優勢幫助銷售員明確在客戶方面能夠達到什麼樣的銷售水準。某客戶機會可能很多，假定該客戶可挖掘的銷售潛力為 200 萬元，但是該客戶一直青睞購買另一個品牌，目前該客戶提供給銷售員的購買量為 20 萬元，這就意味著該銷售員的地位優勢較弱。

恰當的銷售訪問戰略取決於客戶落在這方格的那個區域。具有高購買潛力和銷售組織強勢地位的客戶是很有吸引力的，這是因為相對來說，銷售員很容易與這個區域的客戶做成大宗買賣。因此，銷售員應該給這個區域的客戶分配最高水準的銷售訪問量(高拜訪次數和高拜訪時間)。銷售訪問分配方格告訴銷售員，銷售時間的分配從高到低分別是：第三區域、第四區域、第二區域、第一區域。在 ABCD 分類法中，銷售時間的分配也是如此，花費在 A 客戶身上的時間最多，其後依次是 B、C、D。很多公司就是用兩維四格(田字分析法）分析法來指導銷售員分配銷售時間和拜訪路線。目前這種技術已經電腦化，由電腦直接告訴銷售員應該如何分配銷售時間。

第五節　銷售員時間管理金字塔

在劃分了銷售區域，配置了合適的銷售人員後，銷售管理者需要對銷售人員進行效率和效能管理，其中最核心的就是幫助銷售人員優化時間管理和拜訪路線管理。銷售團隊對業務人員的僱傭，其本質就是採購了銷售人員的時間和精力來換取銷售業績回報。如果銷售人員因不合理的時間使用和拜訪路線規劃而導致工作效率低下，則會導致人力成本的極大浪費。

銷售管理者可以運用銷售人員時間管理金字塔來幫助其分析如何持續改進銷售拜訪的效率和品質。銷售人員時間管理按照管理層次可分成層層遞進的 5 個階梯：

⑴銷售人員時間管理第一階：客戶時間 VS 非客戶時間，即銷售人員應儘量提升和客戶接觸與見面的時間佔全部銷售時間的比例，並降低其他事務性和行政性工作所花費時間的比重。如果一個銷售人員大量時間都花費在客戶面談和溝通之外，那他在銷售時間管理方面一定存在問題。

⑵銷售人員時間管理第二階：有效客戶時間 VS 非有效客戶時間，即銷售人員的工作效率不僅體現在多花時間和客戶在一起，更體現在多花時間和什麼樣的客戶在一起。銷售人員應對客戶按照其

價值進行分類，把更多時間和精力花費在高價值客戶上，儘量減少在無效客戶上的時間投入。

⑶銷售人員時間管理第三階：高效拜訪 VS 低效拜訪，即銷售人員不僅多投入時間在有效客戶的拜訪溝通上，更需要提高每次拜訪的品質和效果。銷售人員追求的不是拜訪的次數，更要注重每次拜訪所取得的突破和成果，因此一定要進行拜訪前的準備和計劃，不做無計劃和無準備的拜訪。例如一次總計 3 小時的客戶拜訪(包括路程時間)，至少需要在拜訪前花費 15 分鐘進行計劃和準備，正因為這 15 分鐘的準備，大大提高了這次總計時間 3 小時 15 分鐘客戶拜訪的效果和品質。

⑷銷售人員時間管理第四階：關鍵人 VS 非關鍵人，即銷售人員的拜訪不僅要針對有效客戶和高價值客戶，更要找對關鍵人，避免在客戶中的非關鍵角色上浪費時間。很多銷售人員不善於「向上銷售」，即向客戶的高層和決策人進行銷售說服，因此浪費了大量的銷售時機和銷售資源。是否拜訪到關鍵決策人也是體現銷售時間管理優劣的重要標誌。

⑸銷售人員時間管理第五階：單一拜訪 VS 組合攻關，即銷售人員如果對一些主要客戶長期的個人單一拜訪沒有任何突破，則需要考慮從公司和團隊角度利用資源設計組合攻關策略，透過類似客戶聯誼，專家診斷和指導，榜樣客戶參觀演示，高層協訪等多樣化形式進行銷售僵局突破。如果銷售人員盲目大量地進行重覆拜訪而不懂得和銷售管理者進行會商，設計針對性的組合攻關，那也等於是在無效拜訪上浪費大量時間和精力。

銷售管理者應把團隊內所有成員的時間作為重要資源進行管

理，並運用基於時間管理金字塔五大階梯的《銷售團隊時間管理問題診斷表》（如表 8-5-1 所示）進行階段性診斷分析：

表 8-5-1　銷售團隊時間管理問題診斷表

銷售時間管理問題	吻合程度（1～5）	改進建議
經過分析，團隊中銷售人員是否把大部份時間花費在和客戶在一起？是否有些銷售人員習慣於案頭工作和事務性工作？是否有些銷售人員花費在和客戶接觸的時間偏少？是否有銷售人員在拜訪路程上浪費了大量時間？		
經過分析，團隊中是否有銷售人員把時間浪費在後來被證明沒有價值的客戶身上？團隊成員是否對客戶價值進行評估分類，從而分配不同的時間和資源投入？		
經過分析，團隊中是否有銷售人員的拜訪品質和效果一直很差？團隊中銷售人員是否習慣於無準備和無計劃的拜訪？銷售人員的無效拜訪是否是緣於對拜訪中出現的問題缺乏足夠準備？		
經過分析，團隊中是否有銷售人員總是在非關鍵人物的接觸上花費太多時間？銷售人員是否總是難以接觸到客戶中的關鍵人物？		
經過分析，團隊中是否有銷售人員存在大量的無效拜訪和重覆拜訪，即在明知個人拜訪無法取得效果的情況下仍然我行我素，沒有和銷售管理層進行協商以設計組合攻關？		

第六節　有計劃的開發新經銷商

無論是透過「經銷商」來代銷產品，或是由企業直接賣給「使用者」(客戶)，在自由競爭法則下，如何佔有更多的客戶(「經銷商」或「使用者」)，是決定行銷成功的關鍵因素。

企業無論是透過「經銷商」代銷產品，或是由企業直接賣給「使用者」(客戶)，在自由競爭法則下，廠商互相搶奪市場與客戶的情況下，如何佔有更多的客戶(指經銷商或使用者)，是決定成功的關鍵因素。

無論是透過「經銷商」來代銷產品，或是由企業直接賣給「使用者」(客戶)，在自由競爭法則下，如何佔有更多的客戶(「經銷商」或「使用者」)，是決定行銷成功的關鍵因素。

企業無論是透過「經銷商」代銷產品，或是由企業直接賣給「使用者」(客戶)，在自由競爭法則下，廠商互相搶奪市場與客戶的情況下，如何佔有更多的客戶(指經銷商或使用者)，是決定成功的關鍵因素。

因此，「間銷」通路者，要致力於如何開發出更多「新經銷商、直營門市部、販賣店」，利用「直銷」通路之廠商，則是努力於如何開發更多「客戶、使用者」。

在競爭的商場環境裏，已加入之廠商爲拓展業績，後進入之新廠商，爲掙取生存機會，新、舊廠商彼此都會搶奪產品之經銷商。根據統計資料，在市場競爭法則下，廠商因此每年均會喪失若干經銷商。但同時次年也會開發不少的新經銷商，二者平衡之下，其中變化還不大；另一層意義，假若企業不採取計劃性的開發「新經銷店」，則未來經營必逐漸吃力，而導致缺乏競爭力。

廠商的產品銷售通路，若是透過經銷商之代理銷售產品，此時 ，廠商提升銷售業績的方法之一是增加「新開發經銷店」，請看下列公式：

廠商業績＝(經銷店數量)×(經銷店的平均銷售量)

＝(現有的經銷店＋新開發的經銷店)×經銷店銷售量

要提高銷售額的兩大方法是：

1. 提高現有經銷店之購買數量

⑴擴大該經銷店內的產品佔有率；

⑵對現有經銷商進行縱深層面的管理。

2. 增加新的經銷商

⑴擴大市場佔有率；

⑵往横層面繼續不斷開發潛在客戶(或經銷商) 。

故營業部門對經銷商的管理，可分爲「現有經銷商的管理」及「潛在經銷商的開發」。而提升業績方法之一，就是「開發更多的新經銷商」。

企業爲提升業績，而策略性的要增加「經銷店」。例如家電廠商增加「家電店」、化妝廠商增加「化妝品專櫃」，便利商店總部要增加「加盟店」，食品業者增加「門市部」，這一切「增加經銷店」的舉動，均要有計劃性地加以執行。

例如某股票上市的家電公司，鑑於銷售通路被他牌侵蝕，經銷店數量逐漸減少，檢討之後採行二個步驟，一是內調人員委之「全省通路大調查」，瞭解各廠牌經銷店的實際佔有狀況。同時，另一行動是成立「市場開拓課」，調集人刀，專門從事「市場經銷店」的開發工作。

表 8-6-1　新客戶開發報告表

部門：商場開拓課　　　　　　　　姓名：李大同

<table>
<tr><th></th><th colspan="2">拜訪客戶對象</th><th>拜訪次數</th><th>面談時間</th><th>面談人</th><th>結果</th><th>經過</th></tr>
<tr><td>1</td><td colspan="2">統一電器</td><td>第三次</td><td>9:00～9:30</td><td>負責人</td><td>① 2 3 4</td><td>價格談不合</td></tr>
<tr><td>2</td><td colspan="2">發財公司</td><td>第七次</td><td>10:10～10:40</td><td>業務經理</td><td>1 2 ③ 4</td><td>預定 5 月 11 日簽約</td></tr>
<tr><td>3</td><td colspan="2">梅花電器</td><td>第一次</td><td>11:20～11:45</td><td>負責人</td><td>① 2 3 4</td><td>先確立交情</td></tr>
<tr><td>4</td><td colspan="2"></td><td></td><td></td><td></td><td>1 2 3 4</td><td></td></tr>
<tr><td>5</td><td colspan="2"></td><td></td><td></td><td></td><td>1 2 3 4</td><td></td></tr>
<tr><td rowspan="4">結果</td><td colspan="3">拜訪目標數量</td><td>6</td><td rowspan="4">今後
對策</td><td colspan="2" rowspan="4">爲建立交情，每一個客戶的拜訪次數最少要五次以上</td></tr>
<tr><td rowspan="3">實績</td><td colspan="2">拜訪客戶數</td><td>6</td></tr>
<tr><td colspan="2">不在</td><td>2</td></tr>
<tr><td colspan="2">面談</td><td>4</td></tr>
<tr><td>上司建議</td><td colspan="7">本日集中拜訪新客戶，留意「梅花電器」之動向，早日吸收為本牌經銷店。</td></tr>
</table>

第七節　開發新經銷商的管理重點

1. 設定專人來開發新的經銷店

企業透過「經銷店」(或門市部)通路來委託代銷商品，欲開發出新的經銷店(或門市部)，由於牽涉到「抵押保證」、「付款條件」、「促銷配合」、「簽訂合約」、「技術協助」「陳列方式」等，雙方洽談非一日可成。

企業可設內部專人(或專責部門)來全權處理此類工作，全心全意進行經銷店的開發，待經銷店開發到一個段落，才暫行解散此部份。

例如連鎖便利店爲加速增設便利店，可成立「開發課」，課職責主要就是尋找良好的地點，並與地主租約，盡速開設便利店。

2. 設定開發新經銷條件

業務員招待開發新經銷店的任務，尚需要公司給予有效的「武器」，即公司要制定一套與經銷店溝通的管理方式，例如「6 月底前簽約成爲經銷店者，享受店面招牌費用的 50%補助」。

公司的管理單位要設定一些簽約辦法，規定「成爲經銷店的資格」「申請系列專售店的資格」，以方便業務員的執行。

3. 主管的鼎力協助

主管即使指使業務員「努力去開發經銷店」，業務員是不會努力馬上行動的；即使有執行，也難得有明顯成效。部屬會有甚多的藉口：「目前很忙，有空時才去開發……」、「市場上沒有經銷店了……」、「去開發新的經銷店，不如去拜訪老客戶……」等，主管必須對部屬開導，維持老客戶，現有經銷商固然重要，但如果平時不去開拓新經銷店，營業額在可見的未來，一定會減少成長，而後逐漸萎縮下去。

主管要利用各種機會加以鼓吹，引起業務員的注意，並利用各種方法對部屬加以協助，例如主管與業務員準備一起訪問，事前要妥當安排，事後馬上檢討，修正行動。

4. 設定「新經銷店」的開拓日

業務員常疏於開發新客戶，更因應平時常爲銷貨、送貨、收款、拜訪而疲於奔命，無法抽身開發新的經銷商(門市部)，公司當局應設定某日爲專門開拓新經銷商的工作日。

例如營業部門主管可鎖定本月份第二週的星期五爲「開拓日」，業務員平日搜集資料，「星期五則全心全力投入開發經銷商」，或是「當天要洽談開拓三家以上的經銷店」。

公司內的相關主管，則全力配合，協助業務員的開拓與洽談工作。

5. 相關部門的配合

開拓新經銷商，一定要週詳籌劃，而且獲得各個部門的鼎力支援。

業務員欲鎖定對象，列入有望客戶加以開發，而開發之前，要作妥當準備，亦即先要進行市場調查。

例如欲吸收此經銷店爲本公司客戶，業務員事先應瞭解此店的銷售狀況，商店內陳列佈置情形，它與各家廠商的往來狀況，負責人的經營，敬業狀況等，甚至於要瞭解此經銷店與其他廠商發生糾紛的原因。若此經銷商爲本公司以前往來交易之經銷商，也要瞭解雙方以前是否發生不愉快的事，其原因爲何？老闆的堅持態度爲何？應如何改善？

業務員平時雖與此經銷店沒有商業往來，但也要保持適當的聯絡，未來隨時有機會成爲本公司的經銷商。

第9章

銷售部門如何達成目標額

第一節　銷售預測

一、市場潛力評估

要進行銷售預測之前，先要對市場潛力進行評估。市場潛力是指在特定的時期，在一個具體的市場上，整個行業的某種產品或服務的總的預期銷售額。

專家把市場潛力預測稱作市場需求預測，因為市場潛力是市場需求或市場規模的貨幣表達。市場需求是指在一定的地理區域內和一定時期內，對某種產品有某種程度興趣的顧客總數量。

它有五個關鍵要素：產品可出售；貨幣表達；時間間隔；地理範圍或顧客類型；行業的未來預期，而不是行業現有的銷售額。公司在評估市場潛力時通常採用四段程序法展開：進行宏觀經濟預測，進行人口變化趨勢評估，進行行業發展趨勢預測，進行公司某個產品的市場潛力評估。

顧客分析的起點是確定產品的使用者和他們可能具有的全部特徵，必須嚴格區分購買者和使用者。市場潛力的基礎是目標顧客(消費品的使用者)和目標企業(工業品的使用者)。雖然有很多女士會給男士買襯衫，但是男式襯衫的市場潛力最終取決於男士的數目，而不是女購買者的數目。小孩的產品是如此，那些行動不便的老人的產品也是如此。

用戶是家庭消費者，還是產業用戶，或者具有雙重身份，都應該嚴格區分。如果是家庭消費者，製造商與經銷商還可以透過人口統計因素，如年齡、性別、婚否、住所、收入、職業、宗教和教育程度，進一步區分他們。有時還可以考慮生活方式，如顧客喜歡的鍛鍊和娛樂方式。如果是產業用戶，必須獲得廠商產品的最終用戶的類型和數量的資料。還要收集能夠影響購買決策者的人的姓名、職位和公司競爭對手的信息。很多公司透過與顧客的不斷接觸或市場調查，已經積累了這樣的資料。

進行顧客分析還要求確定顧客的購買原因、購買習慣和顧客對產品態度的階段。很多產品都是為了滿足某種需要而購買的，瞭解這些需要有助於提高市場潛力和銷售預測的準確性。例如，消費者對日常用品價格的敏感引起了某產品的熱銷。由於消費者對價格的關注，生產消費品的大型廠商，經常採取透過大幅度降價來保持產品的競爭力。在這種情況下，理解價格因素在消費者購買決策中的關鍵重要作用，有助於公司提高市場潛力，尤其是銷售潛力預測的準確性。此外，也應該確定顧客的購買頻率與購買數量，有些商品，如牛奶和麵包，是每週購買一次或兩次，而其他商品，像冷氣機、熱水器和汽車，是每隔 8～10 年才購買一次。

要分析顧客的購買能力，再從購買能力去分析市場潛力。對於那些家用大件，如電視機、冷氣機和汽車等來說，不僅僅要分析顧客的年收入，還要分析其家庭的年收入和儲蓄情況。

二、銷售預測

制定銷售預測是整個企業全部運作規劃的關鍵因素，人事、生產、採購、財務以及其他所有部門都要根據銷售預測編制下一個時期的工作計劃和工作要求。銷售預測在制定銷售計劃中發揮著重要作用，可以幫助銷售經理確定部門預算，確定銷售隊伍的規模和銷售人員的層級架構和薪酬，並對銷售指標和銷售人員的報酬產生影響。

錯誤的預測會誤導企業銷售計劃的制定。例如，預測過於樂觀，企業可能因收入不足、開支太多而蒙受巨大損失；預測過於悲觀，企業可能無法滿足巨大的市場需求，這意味著企業不得不放棄很好的盈利機會，眼睜睜地看著對手獲得更大的市場佔有率。並且，企業制定的銷售預測計劃常常影響到員工的績效表現。企業給員工制定的銷售預測過高，則員工可能感覺無論如何都完成不了，從而放棄努力；企業給員工制定的銷售預測讓員工能夠輕易達到，則喪失了挑戰性，不能發揮和進一步挖掘員工的工作積極性和創造性。

商業環境是複雜多變的，儘管有許多現成的預測方法可用，預測結果卻常常是錯誤的。儘管如此，銷售經理還是必須繼續進行預測，並不斷努力工作以改進預測方法。

為什麼預測對銷售經理來說如此重要？因為在某種程度上，銷售經理的所有決策都要依據這些預測。銷售經理決定採取某個行動是因為他(她)認為這個行動將會產生某個預期的結果，這個預期的結果就是預測(forecast)，儘管銷售經理可能對預測的結果沒有量化或沒有使用數學預測方法，銷售預測為下述銷售管理決策提供了依據：

· 決定銷售隊伍的規模；

· 確定銷售區域；

· 確定銷售定額和推銷預算；

· 確定銷售人員的收入水準；

· 評估銷售人員的銷售業績；

· 評估潛在客戶。

高層管理者主要提供公司的整體預測，銷售經理通常感興趣的是對具體的某方面的預測，如銷售區域、客戶、具體地區或地帶。

三、銷售預測的方法

成功的銷售預測依賴於科學的預測方法，銷售預測方法主要包括定性預測和定量預測兩種。定性預測方法不需要太多數學和統計學的分析工具，主要根據經驗判斷而定，分為經濟意見法、銷售人員意見匯總法、購買者意見調查法等。定量預測方法是透過對以往的銷售記錄的分析，借助數學和統計學的分析工具作出對未來的預測，具體包括時間序列分析法、相關和回歸分析法等。到底採取那種方式沒有統一的標準，應視實際情況而定，實際中最好還是將定性與定量方法相結合。

1. 經理意見推測法

經理意見推測法是依據經理人員的經驗與直覺，利用多個人或所有參與者的意見得出銷售預測值的方法，它是最古老和最簡單的預測方法之一。

經理意見推測法的優點是簡單快捷，不需要經過精確的設計即可簡單迅速地加以預測。所以，當預測資料不足而預測者的經驗相當豐富的時候，如推出新產品、進入新市場、公司新成立時，這是一種最適宜的方法。也正因為上述原因，經理意見推測法在中小企業中特別受歡迎。

這種方法也有不足之處。首先，由於此法是以個人的經驗為基礎，不如統計數字那樣令人信服，所以其獲得的預測值，也就難免令人置疑；其次，採用經理意見法往往需要許多經理透過討論來得出結果，會耗費較多的精力和時間；其三，高層經理和情緒強烈的管理人員可能比更瞭解產品的管理人員對最終預測產生更大的影響。但是，經理意見法依然有其價值。當無法依循時間系列分析預測未來時，這種預測方法確實可以發揮作用彌補統計資料不足的遺憾。

2. 銷售人員意見推測法

銷售人員最接近消費者和用戶，對商品是暢銷還是滯銷及商品花色、品種、規格、式樣的需求等都比較瞭解。所以，許多企業都透過聽取銷售人員的意見來推測市場需求。

這種方法是先讓每個參與預測的銷售人員對下年度銷售的最高值、最可能值、最低值分別進行預測，算出一個概率值，最後再將不同人員的概率值求出平均銷售預測值(如表 9-1-1)。

表 9-1-1　銷售人員意見推測法

業務員	預測項目	銷量	出現概率	銷量×概率
甲	最高銷量	2000	0.3	600
	最可能的銷量	1600	0.5	800
	最低銷量	800	0.2	160
	期望值			1560
乙	最高銷量	2100	0.2	420
	最可能的銷量	1400	0.5	700
	最低銷量	900	0.3	270
	期望值			1390
丙	最高銷量	2700	0.2	540
	最可能的銷量	2400	0.6	1440
	最低銷量	2200	0.2	440
	期望值			2420

如果公司對三位銷售人員意見的信賴程度是一樣的，那麼平均預測值為：

(1560+1390+2420)÷3＝1790(單位)

這種預測方法的優點是：

(1)簡單明瞭，比較容易進行。

⑵銷售人員經常接近購買者，對購買者意向有較為全面、深刻的瞭解，對市場比其他人有更敏銳的洞察力，所作預測值可靠性較大、風險性較小。

⑶適應範圍廣，無論對大型企業還是中、小型企業，無論是工業品經營還是副食品經營，都可以應用。

⑷銷售人員直接參與企業預測，從而對企業上級下達的銷售定額有較大的信心去完成。

⑸運用這種方法，也可以獲得按產品、區域、顧客或銷售人員來劃分的各種銷售預測值。

但是，這種預測方法也有一些缺點：

⑴銷售人員可能對宏觀經濟形勢及企業的總體規劃缺乏瞭解，因而其預測可能因沒有較多考慮到外部因素而使預測與實際偏差太大。

⑵銷售人員受知識、能力或興趣的影響，其判斷總會有某種偏差，有時受情緒的影響，也可能估計過於樂觀或過於悲觀。

⑶有些銷售人員為了能超額完成下年度的銷售定額指標，獲得獎勵或升遷的機會，可能會故意壓低預測數字。

銷售人員意見推測法雖然有一些不足之處，但還是被企業經常運用。因為銷售人員過高或過低的預測偏差隨著參與預測的銷售人員數量的增多可能會相互抵消，預測總值仍可能比較理想。另外，有些預測偏差可以預先識別，或者採取事後修訂的方法加以彌補，如將銷售人員的預測值根據實際情況放大或縮小一定百分比。

3. 購買者意見推測法

購買者意見推測法是透過徵詢顧客或客戶的潛在需求或未來

購買商品計劃的意見，瞭解顧客購買商品活動的變化及特徵等，然後在收集消費者意見的基礎上，分析市場變化，預測未來市場需求。

這種方法的優點是發揮了預測組織人員的積極性，而且徵詢了消費者的意見，畢竟顧客是未來產品銷量的決定力量，從而使預測的客觀性大大提高。這種方法主要用於預測市場需求情況和企業商品銷售情況。

這種預測方法有多種形式，如可以在商品銷售現場直接向消費者詢問商品需求情況，瞭解他們準備購買商品的數量、時間，某類商品需求佔總需求的比重等問題；也可以利用電話詢問、郵寄調查意見表，提出問題請顧客回答，將回收的意見進行整理、分類、總結，再按照典型情況推算整個市場未來需求的趨勢；還可以採取直接訪問的方式，到居民區或用戶單位，詢問他們對商品需求的要求，近期購買商品的計劃，購買商品的數量、規格等。

具體採用何種方式調查，要依調查對象數量而定。如果調查對象數量較少，可以採用發徵詢意見表的方式全部調查；如果調查對象數量較多，可以採用隨機抽樣或選取典型的方式進行調查。

在預測實踐中，這種方法常用於生產資料商品、中高檔耐用消費品的銷售預測。要使這種調查預測比較有效必須具備兩個條件：一是購買者的意向明確清晰；二是購買意向真實可靠。因此，調查預測時，應注意取得被調查者的合作，要創造條件解除調查對象的疑慮，使其能夠真實地反映商品需求情況。這種預測法一般準確率較高，但觀察兩年以上的需求量情況，可靠性程度比短期預測要差一些。因為時間長，市場變化因素多，消費者不一定都按長期計劃安排購物。

四、自上而下、自下而上的預測方法

劃分預測方法的類別有許多方式。自上而下法(top-down approach)通常包括在業務單位層次上進行企業預測的不同方法，然後銷售經理把這些企業預測分解為區域、地區、分區、片區和客戶預測。

圖 9-1-1　預測方法

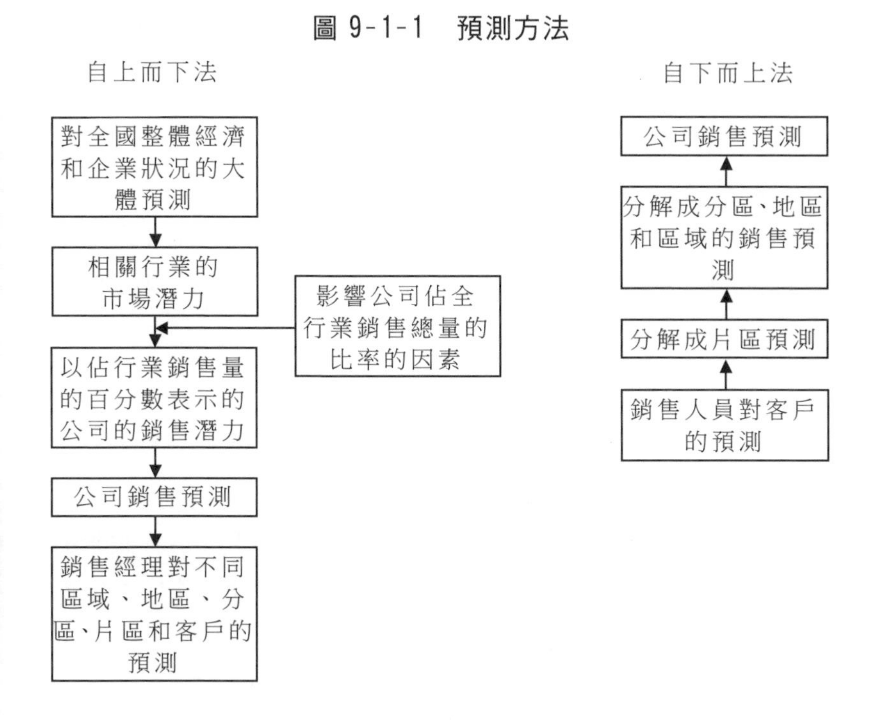

自下而上法(bottom-up approach)恰好相反，它包括為個別客戶進行銷售預測的不同方法，然後銷售經理把這些客戶預測匯總，逐級形成片區、分區、地區、地域和公司預測。

自上而下法和自下而上法是兩種完全不同預測方法，儘管這兩種方法中可能使用一些共同的預測方法。然而焦點在於每一種方法的使用都很普遍。

在自上而下法中，公司人員提供整體的公司預測，由銷售經理將其分解成區域，地區、分區，片區和客戶預測。在自下而上法中，客戶預測被整合成片區，分區、地區、區域和公司預測。

1. 自上而下法

實施自上而下法需要進行公司預測，然後把其分解為區域、地區、分區、片區和客戶層次。進行公司預測並把它分解給幾個期望的層次可以使用不同的方法。

(1)公司預測法

儘管有多種方法可以用於公司預測，但現在主要集中在對以下三個普遍採用的時間序列法的討論上：移動平均法、指數平滑法。

移動平均法(moving average)是制訂公司預測的相對簡單的方法，是透過計算以前年份的平均銷售額來預測以後年份的銷售額。按這種方法，公司明年的銷售額是過去 3 年、過去 6 年或過去若干年的年銷售額的平均數。

表是用移動平均法計算未來 2 年和 4 年的公司預計銷售額的例子。如該例所示，移動平均法簡單直接，只需簡單的計算。但管理者必須確保計算中用到的過去年度的銷售額的數字準確。另外，這種方法在產生下一年的預測值時，過去幾年的年銷售額的權數相等，如果公司每年的銷售額變化很大或商業環境在未來的幾年和過去的幾年相比有重大變化，這種方法就可能不準確。儘管如此，在一次對管理者的調查中發現，這種方法仍是美國企業的短期和中期預測中應用最普遍的方法。

表 9-1-2　移動平均法舉例

年份	實際銷售額(美元)	第 2 年的銷售預測值(美元)	第 4 年的銷售預測值(美元)
1998	8400000		
1999	8820000		
2000	8644000	8610000	
2001	8212000	8732000	
2002	8622000	8428000	8520000
2003	9484111	8418000	8574000
2004	9674000	9054000	8740000
2005	10060000	9579000	8998000
2006		9868000	9460000

註：第2年的銷售額預測值＝過去2年或4年的實際銷售額/年數(2年或4年)

指數平滑法(exponential smoothing)是移動平均法的一種，它與移動平均法的區別是在預測未來年度的銷售額時，過去幾年的銷售額的權數是不同的。表 9-1-3 是指數平滑法的一個例子。這種方法的關鍵是確定今年公司銷售額的正確權數(α)。透過檢驗歷史銷售數據的權數來確定那個權數產生了過去年份最精確的銷售預測，並以此來確定 α 的值。基於表 9-1-3 的分析，管理部門很可能使用權數 0.8 來進行今年的公司預測。

表 9-1-3　指數平滑法舉例

單位：美元

下一年銷售預測				
年份	實際銷售額	α =0.2	α =0.5	α =0.8
1998	8400000			
1998	8820000	8400000	8400000	8400000
2000	8644000	8484000	8610000	8736000
2001	8212000	8516000	8626000	8664000
2002	8622000	8456000	8420000	8302000
2003	9484111	8488000	8520000	8558000
2004	9674000	8686000	9002000	9298000
2005	10060000	8882000	9338000	9600000
2006		91118000	9698000	9968000

註：下一年的銷售預測值＝ α ×今年的銷售額+(1－ α)×今年銷售額的預測值。

⑵分解法

一旦銷售經理得到了公司預測，他們就可以使用不同的市場因素法把它分解成幾個需要的層次。市場因素法(market factor method)通常包括識別與區域、地區、分區、片區或客戶層次的銷售有關的一個或多個因素，並使用這些因素把整個公司的預測分解成這些層次上的預測。

可能採用的一種典型的辦法是購買力指數(Buying Power Index，BPI)。購買力指數是用下面的方法計算出的不同地區的市場因素：

購買力指數(BPI)＝(5I+2P+3R)÷10

式中

I——該地理範圍個人可支配收入佔該國個人可支配收入的百分比；

P——該地理範圍人口佔該國人口的百分比；

R——該地理範圍零售額佔該國零售額的百分比。

對任何地理範圍進行這些計算都可以得到該範圍的購買力指數。這個購買力指數可以被理解為分佈在該範圍的購買力佔全美購買力的百分比。這個指數越高，表示該範圍的購買力越強。

例如，該國州內的所有村莊、主要城市和大城市都可以使用 BPI 和其他數據。信息顯示，坎薩斯城市區的 BPI 值為 0.6914；傑克遜縣的 BPI 值為 0.2557：密蘇里州坎薩斯城地區的 BPI 值為 0.1764。這意味著美國購買力的 0.6914%分佈於坎薩斯城的大城市地區，0.2557%分佈於傑克遜縣，0.1764%分佈於密蘇里州的坎薩斯城地區。

銷售經理可以使用這些購買力指數把公司整體預測劃分為更細的預測。例如，假設你是密蘇裏地區一個化妝品商的銷售經理，管理部門已採用了各種方法預測出 2006 年公司在全美銷售額將為 5 億美元。把這個計算結果進行必要的分解，就可以得出你們地區的銷售預測。

購買力指數是預測的有用工具，它極易得到且每年更新。根據計算每個地區指數時所涉及的因素，它最適用於經常購買的消費品。耐用品和工業產品的行銷者可能就得不到需要的準確的購買力指數，在這種情況下，需要識別和使用其他市場要素。例如，捨伍德醫藥公司將使用某種特定產品的醫院總數(以醫院的醫療程序為基礎)作為影響預測的一個市場因素。

公司確定某一具體情況下的購買力指數還有另一種方法。例如，一個普通的太空梭經銷商就編制了美國各縣對其產品的購買力指數。基本公式為

購買力指數＝(5I+3AR+2P)÷10

式中

I——該縣的可支配收入佔美國可支配收入的百分比；

AR——該縣飛行器的註冊數佔美國飛行器的註冊數的百分比；

P——該縣飛行員的註冊數佔美國飛行員註冊數的百分比。

這些計算產生的每個縣的指數，可以像購買力指數那樣被解釋和使用。公司可以利用它們計算的指數和比率，使用產業貿易協會提供的全美預測並把它們轉化成每個縣的市場銷售預測值。

這種市場因素法在銷售管理領域使用得很普遍。由具體的公司提供的指數及其他市場因素法都可能成為銷售管理中極具價值的預測工具。這些指數和市場因素應被不斷地評估和改進。例如，太空梭行銷者普遍發現某縣實際飛機銷售額與該縣的指數有密切的聯繫。這個發現為使用計算得到的指數作為直接的預測工具提供了支援。

2. 自下而上法

實施自下而上的預測法需要用各種方法預測出個別客戶的銷售額，並把這些客戶的預測值匯總成區域、地區、分區、片區和公司的預測。這一部份的重點在於購買者的意圖調查法、經理小組意

見法、德爾菲法，以及像用在自下而上法中的銷售隊伍合成法。

購買者的意圖調查法(survey of buyer intentions method)是詢問個別客戶在未來一段時期內的購買計劃，並把他們的計劃形成客戶預測。可以透過郵寄調查、電話調查、個別訪問或其他方法獲得客戶購買意圖。例如，在 Dow Chemical 公司的基礎化學製品部門，銷售人員就按照客戶的商務計劃制訂預測數據。類似地，惠普公司的主要客戶為它的行銷中心提供與未來需要有關的數據。通常，這種以客戶意願為基礎的預測可能是扭曲的，因為購買者不願意花費精力對未來的需要進行預測。而買主通常不願意揭示他將要把賣主的產品轉售的計劃，因為他們害怕被競爭者發現後實施反擊。

經理小組意見法(jury of executive opinion method)是指公司的經理利用他們的專業知識預測個別客戶的各種方法。個別的預測可能從不同職能領域獲得，然後把這些預測結果平均並經管理者討論直到形成一致的對每個客戶的預測結果。這種以小組為基礎的方法與以個人為基礎的預測法相比能產生更準確的、長期的產業預測結果。

德爾菲法(Delphi method)是經理小組意見法的一種結構化類型。基本程序是從公司內部選出一組管理者，小組的每個成員提出對客戶的不記名預測。這些預測被匯總，寫成報告，然後將報告發給每個小組成員。報告中記錄了描述性的統計數字，這些數字是關於各成員提出的預測，以及最低、最高的預測結果及其產生原因。小組成員掌握了這些信息後重新提出個人的不記名預測。重覆這個過程直到產生對個別客戶的一致的預測結果。由於這個過程完全透過書面交流而不是口頭交流，它克服了諸如等級、過度保守及爭論等消極因素，小組成員可以從別人的意見中獲益。

銷售隊伍合成法(sales force composite method)是由銷售員提供對他們特定客戶的預測的各種方法。通常以特定的表格或透過電腦進行處理。Ricoh 公司是一個辦公室用品生產商，要求銷售人員提供每個產品和模型的 3 個月的滾動預測。類似地，Pfizer 動物保健公司要求銷售人員對他們熟悉的每個客戶的事務進行預測。調查結果表明，透過制訂具體的預測程序說明並向銷售人員提供關於其客戶的具體信息，以及對過去預測結果的精確性回饋，可以改善銷售人員預測的準確性。

第二節　建立銷售配額體系的原則

銷售配額是分配給銷售人員在一定時期內完成的銷售任務，是銷售人員需努力實現的銷售目標。制定銷售配額的目的是明確責任，建立激勵制度的基礎，使銷售計劃落實到人員行動上來。

銷售配額是銷售經理計劃銷售工作的最有力的措施之一，有助於銷售經理規劃每個計劃期的銷售量及利潤，安排銷售人員的行動。銷售配額可以用來衡量銷售人員、銷售小組或整個銷售區域完成任務的狀況，如果運用得當，它可以有力地激勵每個銷售人員更好地完成任務。總之，銷售配額的設置有利於銷售經理及銷售人員有效地計劃、控制、激勵銷售活動，以實現整個企業的銷售目標。

一、建立銷售配額體系的原則

銷售配額是對銷售工作的數量考核指標。銷售配額體系是銷售管理的重要職能，但是有了銷售配額體系不一定能保證銷售人員完成任務。因此在設計銷售配額時，必須使之能夠激勵銷售人員完成個人和企業的銷售目標。

建立銷售配額體系應體現以下原則：

1. 公平性。好的銷售配額應該讓銷售人員感到公平。銷售配額給每個銷售人員的工作負荷應該都一樣。但是，這並不意味著銷售配額必須相等，因為不同的銷售區域市場潛力不同，競爭程度也不同，而且銷售人員本身也存在著能力的差別。

2. 可行性。配額應該可行並兼顧挑戰性。如果目標定得太高而無法實現，銷售人員就會失去積極性；但同時，目標基數也不能定得太低，否則就起不到對銷售人員的激勵作用。

3. 靈活性。配額要有一定的彈性，能夠依據環境的改變而變化。只有這樣才能保持銷售人員的士氣。

4. 可控性。配額要有利於銷售經理對銷售人員的銷售活動進行檢查，以便採取措施糾正偏離銷售目標的行為。

5. 易於理解。配額的制定和內容必須能被銷售人員理解和接受，否則就起不到激勵作用。

二、確定總體銷售配額的分配基礎

在所有銷售配額，銷售量配額要考慮的因素，應考慮如下：

1. 歷史經驗

在過去期間銷售的基礎上，管理層依據判斷的增長比例來確定銷售人員的銷售配額。這種方法的優點是計算簡便、成本低廉。如果企業使用這種方法，至少應該用前幾年的平均銷售量，而不是以前一年的銷售量作為配額設定的基礎。

但僅依靠歷史經驗確定銷售配額有一定的局限，因為它沒有注意到銷售區域的銷售潛力的變化、經濟衰退、消費者觀念發生變化、新的競爭對手加入等。所以，應該在以往經驗的基礎上，再多考慮一下區域市場可能發生的變化。

2. 區域銷售潛力或變異程度

銷售潛力是企業期望在特定區域內取得的在行業預計總銷售額中所佔的比重。對很多企業而言，銷售預測常常是把各個區域的估計值加總的結果。

例如，假設區域 A 的銷售潛力是 100 萬元，或者佔企業總潛力的 10%，那麼，管理層就可以把此數額作為指標分配給區域的銷售人員。所有銷售區域銷售指標的總和應該等於企業的銷售潛力。

但是，有些情況下，企業不可能直接把銷售潛力作為指標分配給銷售人員，而是需要進行調整。

首先，對於年齡比較大而且在企業工作了很長時間的銷售人員，或者是剛剛加入企業的新的銷售人員，分配給他們的配額應該小於銷售潛力，這樣可以讓他們先適應週圍的環境，樹立自信心，保持高昂的士氣。

其次，對大部份銷售人員而言，管理層下達的配額應該略高於區域的銷售潛力，而且透過有效工作很可能實現甚至超越該配額。，因為這樣會激發銷售人員的積極性，鼓勵他們努力開拓市場。

但配額也不能定得太高，如果高出銷售潛力太多，銷售人員無法完成，他們就會感到洩氣和絕望，從而就不會採取什麼努力措施了。

3. 經理人員的判斷

有一些經理簡單地以企業的銷售預測為基數，如企業預測的結果是提高 5%的銷售量，則對每一個員工都分配 5%的銷售增長。這種方法雖然簡單、費用低、易管理、易理解，但是忽略了地域狀況及銷售人員的能力差別。有的新建區域儘管銷售量小，但其銷售增長率要比一些已成熟的銷售區域的銷售增長率大得多，因此新的銷售區域提高 5%的銷售量是很容易的，而成熟區域要提高 5%的銷售量則是很困難的。

使用這種方法隱含著這樣的假設：前期設置的銷售配額必須是完全合理的。

前期的配額可能過高或過低，用這種方法設置配額可能影響銷售人員的士氣，他們會認為這樣的定額不公平，甚至會隱瞞訂單，把它放到下一個銷售期。

三、決定銷售計劃目標額的方式

決定銷售計劃的方式有兩種——「分配方式」與「上行方式」。分配方式是一種由上往下的方式，即是自經營最高階層起，往下一層層分配銷售計劃值的方式。這種方式是一種演繹式的決定法。上行方式是先由第一線的銷售人員估計銷售計劃值，然後再一層層往上呈報，這是屬於歸納式的方法。

由於二者各具優點，所以不易判斷何者為佳。分配方式下的缺點是位處第一線的人員欠缺對計劃的參與感，不易將上級所決定的計劃視為自己的計劃。反觀上行方式，其缺點在於部屬所預估之數，不一定合乎整個企業的目標，故往往無法被採納。

所以，究竟採用何種方式，應視企業內部情況而定。

在下列情況下，宜採用分配方式。①企業高層對第一線瞭若指掌，而位處組織末梢的銷售人員，也深深信賴高層管理者；②第一線負責者信賴擬定計劃者，且唯命是從。分配方式需徹底執行，如果發現部門負責人缺乏接受銷售目標的能力，就應毅然決然地調換他人負責。

當第一線負責者能站在全公司的立場，分析自己所屬區域，而且預估值是在企業的許可範圍內時，則宜採用上行方式。

無論採用何種方式，制定銷售計劃時，需有良好的體制。一方面，高層管理者對銷售目標直有明晰的觀念；另一方面，也要觀察第一線人員對目標的反應，二者雙管齊下，然後再決定下年度的計劃。

實際訂立銷售計劃時，必然會產生下列兩種問題：

第一，銷售分配計劃，是否可立即實施？

第二，上行方式的計劃，是否可被上級所認可？

如果分配方式可立即實施的話，就可透過電腦作業，迅速求算出產品別、部門別、顧客別、推銷員別、月別等的分配指數，然後，再將銷售收入的目標值輸入電腦，這樣，即可編制銷售計劃了。

另一方面，由於上行方式的計劃不一定符合企業的整體需求，所以，在「分配計劃可能實施之前」，及「上行計劃被認可且成為經營計劃之前」另需反覆予以修正。

由於上述方式耗費人力多，所以如欲節省人力而使計劃更見效率，就需同時進行「分配計劃」與「上行計劃」，二者相互密切配合，從而制定出適宜的實施計劃，如圖 9-2-1 流程所示。

圖 9-2-1　決定銷售計劃的方式

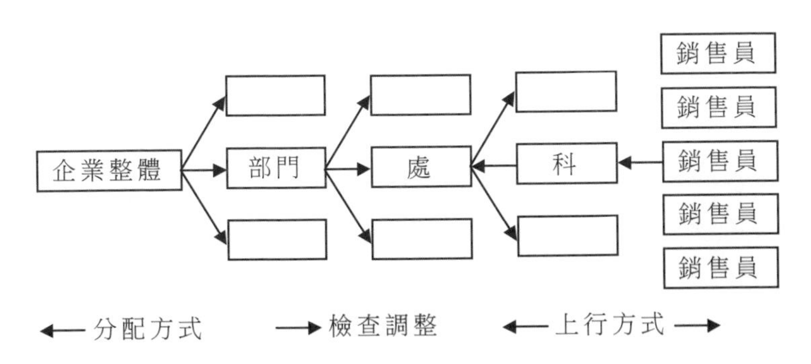

假設銷售組織可區分成部門、處、科、業務員(銷售員)等幾個階層，先根據最高階層者所提的基本方案，然後再編制到「處」為止的「計劃草案」。這個計劃草案的形態，就是將最高階層者的基本方案，逐步分配給各級部門的形態。

假設這計劃草案的內容，是一年期的產品銷售目標，如 A 產品的銷售指標價格為 15 元，且銷售數量為 20 萬個，則各科與各業務員，就需以這個計劃為指標，依照產品別與月別，估計各負責區域的銷售額；然後將各科人員之預估數，呈報給處級單位以作擬定計劃的參考資料。注意，科室或業務員在估計時，必須參考過去的實績。

此時，位於連接上下橋樑地位的「處長」就最為重要了，他應就「上級所交予的計劃草案」，與「下級所呈報的銷售預估值」，加以比較、檢查與協調。因為處長處於中間地帶，不僅詳知銷售的實際情況，也深知高階層者的意願，所以，最適於調節「計劃草案」與「銷售估計案」之間的差異。

例如，當銷售額估計過分樂觀時，處長就必須會同各科長及業務員，分析各市場區域的動向，藉以修正銷售計劃。此時，處長就需站在銷售主管的立場，負責調整計劃草案與銷售估計案。

另外，假如處級單位的調整，依然無法解決問題時，就需由部門經理出面協調。如果情況更為嚴重，部門單位協調仍不能奏效時，則需會同公司最高管理者，作整個公司計劃的全面調整。

第三節　確定銷售配額的具體方法

1. 產品類別分配法

產品類別分配法是指根據銷售人員銷售的產品類別來分配目標銷售額。採用這種方法的前提條件是：培養盡可能多的忠誠客戶。因為，如果消費者經常改變消費需求，變換所消費的產品，就很難判斷某種商品的消費者大體上有多少人，商品類別分配法也就失去了意義。所以，必須進行市場調查，及時準確地瞭解消費者需求的變動情況，從而採取一系列措施來滿足消費者的需求，創造一大批品牌忠誠者。這樣，商品類別分配法也就有據可依了。

2. 地域分配法

地域分配法是指根據銷售人員所在地域的大小與顧客的購買能力來分配目標銷售額。這種方法的優點在於可以對區域市場進行充分的挖掘，使產品在當地市場的佔有率逐漸提高，因此，比較容易為銷售人員所接受。其缺點在於很難判斷某地區所需商品的實際數量，以及該地區潛在的消費能力。所以，在分配目標銷售額時，必須考慮各個地區的經濟發展水準、人口數量、生活水準、消費習慣等因素。

3. 部門分配法

部門分配法是指以某一銷售部門為目標來分配目標銷售額。這種方法的優點在於強調銷售部門的團結合作，能夠利用銷售部門的整體力量來實現目標銷售額；其缺點在於過於重視銷售部門目標達成，而忽視了銷售人員個人的存在。因此，當企業將目標銷售額分配到各個銷售部門時，應該考慮這個銷售部門所轄地區的特性。例如，銷售區域的大小、市場的成長性、競爭對手的情況、潛在顧客的多寡等。

4. 銷售人員分配法

銷售人員分配法是指根據銷售人員能力的大小來分配目標銷售額。這樣做有利於激勵能力高的銷售人員繼續努力，鼓勵能力比較低的銷售人員提高其銷售能力。但是，該方法也容易使銷售人員隊伍產生等級之分，使能力高的銷售人員產生自滿情緒，使能力不夠的銷售人員產生自卑感，從而產生內部矛盾。

5. 客戶分配法

客戶分配法是指根據銷售人員所面對的顧客的特點和數量的多少來分配目標銷售額。這種方法充分體現了「以客戶為導向」，可以使銷售人員把重點放在客戶身上，有利於客戶的深度開發和忠誠客戶的培育。但是，該方法會使銷售人員為了業績而只注重老客戶的維護，忽視新客戶和準客戶的開發。

6. 月別分配法

月別分配法是指將年度目標銷售額平均分配到一年的 12 個月或四個季中。月別分配法的缺點在於忽略了銷售人員所在地區的大小以及顧客的多寡，而只注重目標銷售額的完成，從而無法激發銷售人員的積極性。但按月別分配的優點在於簡單易行，容易操作，目前有許多企業還是比較樂於採取這種方法。如果能將月別分配法與商品類別分配法、地區分配法和客戶分配法結合起來使用，效果會更好一些。

總之，在實際操作中，以上這些方法儘量不要單獨使用，應該將兩個或兩個以上的方法結合起來使用，從而實現揚長避短、優勢互補。

第四節　銷售員每人的責任銷售

一、制定每人銷售定額的概念

確定銷售人員所要完成的目標，稱為責任定額。

定額是銷售經理用於管理現場銷售人員最有效的手段，是評價銷售人員銷售能力的最重要指標，它有助於分析每個銷售人員完成任務的情況以及銷售隊伍的整體活力。

所謂銷售定額，是指為一個銷售單位所確定的銷售目標。銷售單位可以指某個銷售人員，某個銷售區域，某個銷售分支機搆，某個地區以及某個代理分銷商等等。例如，某銷售區域某銷售人員在一定時期內，應要完成的銷售目標就是銷售定額。

銷售定額在某個特定期間，可以用金額或者商品數量來表示，銷售經理可以用金額或商品數量來為公司的現場銷售人員確定某個季或某年的銷售定額。在用產品或客戶作為目標時，一定要將定額具體化。產品定額要反映產品線中各個項目的獲利性；客戶定額則要反映為特定客戶服務的相對效果。

制定銷售定額計劃需要對各種類型定額進行決策，同時還要確定各種定額的相對重要性和每個銷售人員或者銷售單位所應完成的目標水準。

二、制定銷售員銷售定額之目的

制定每人銷售定額，是為了對第一線銷售人員進行管理和控制，其目的如下：

1. 激勵銷售人員

首先，銷售定額可用於對銷售人員進行有效地誘導。最基本的方法就是為銷售人員確定一個挑戰性的目標。例如，清楚地為銷售人員指明今年的銷售定額為 300000 元。顯然，一個清楚明晰的目標，要比一個不清晰的目標更能激勵銷售人員的積極性。

其次，定額可以透過銷售競賽來影響銷售人員的動機。競賽是許多公司激勵計劃中一個重要組成部份。競賽的關鍵理念就是誰能做得最好，誰就會得到獎勵。然而由於銷售能力、區域潛量和工作負荷的不同，銷售人員贏得機會的可能性也不同。因此，最好的做法是，公司所設計的計劃能使所有的銷售人員都有獲勝的機會。銷售定額可以根據銷售區域和人員的差別制定，銷售人員都有相對平等的機會。

2. 評價銷售業績

定額是銷售單位進行業績評價提供了一個數量標準，它能使管理人員有重點地找出問題以及評價那些業績突出的銷售人員或銷售單位。沒有定額，銷售人員在工作中就會感到無所適從，以至於出現效果不佳等情況。

為了保證評價業績的合理性，公司必須深入調查，全面考慮產品、客戶、競爭程度等不同要素，以便制定一個考核業績的定量標準。

3. 控制銷售力量

公司制定的銷售定額，不僅要有利於評價銷售人員的最終業績，而且還要有利於控制銷售人員的工作過程。銷售人員必須參加各種不同的銷售活動，包括訪問新客戶，拜訪老客戶，出售產品，參加會議等等。

銷售定額要有利於公司監控銷售人員是否達到了預期目的。如果沒有達到，公司就要及早採取措施，而不是等到出現大問題時才開始動手。

三、確定分配到銷售員定額的目標原則

銷售人員在進行工作前必須首先確定出自己的銷售目標。在採用分配方式決定企業的銷售計劃時，企業通常是先確定本企業的總銷售目標，然後再進行分解；而在採用上行方式決定企業的銷售計劃時，企業通常是先確定銷售人員的個體目標，然後再進行綜合。不管是那種方式，銷售人員都必須參與到自己銷售目標的確定過程中來，發揮自己的主觀能動性。只有同上級密切配合，結合自己的實際，制定出合理的可以促進自己奮進的銷售目標，才能有效地激勵銷售人員努力工作，並實現銷售人員自身與企業利益的最大化。

銷售人員往往有這樣的傾向：那個企業底薪高就去那裏，那個企業提供的職務高就去那裏，那個企業的工作輕鬆就去那裏，那個企業的提成高就去那裏……但由於跳槽頻繁，這些銷售人員最後往

往無所作為。究其原因，是因為他們沒有一個明確的目標。

1953 年美國耶魯大學對當時在校的學生進行了一項調查統計並加以跟蹤，30 年後發現，60%原本沒有目標的學生，最後失業而靠救濟生活；27%目標模糊的學生，最後只能勉強糊口；10%當時有短期目標的學生，最後都成了企業的高層；而那 3%的有明確的短期目標、長期目標的學生，最後都成了頂尖級的企業家或行業的高層主管。

如果銷售人員發自內心渴望成功、渴望財富，這時，他就應該認真選擇一個目標。因為，新生活是從設定目標開始的。

成功的銷售人員頭腦裏會有明確的銷售目標，其他平庸者則只有願望。但僅僅有一個明確的銷售目標還不夠，銷售人員確定銷售目標時，還必須遵循一些原則：

1. 具體明確

銷售目標要清晰明確，內容要具體、全面。合理的銷售目標體系是目標設定的核心問題。銷售人員都會為一個具體而明確的目標全力以赴，竭盡所能。而一個不具體、不明確的銷售目標，只會讓銷售人員為退縮找藉口。例如，一個明確具體的銷售目標可能是「我要成為我們公司最好的銷售人員，每個月銷售額應該達到公司總銷售額的 10%」。

惠特曼一生致力於寫一本叫《草葉集》的書，結果成為美洲最偉大的詩人；海倫· 凱勒一生專注於學習寫作，儘管她從小就又聾又啞又瞎，但她最終成為世界著名的作家之一；亨利· 福特一生致力於生產廉價小轎車，雖然他只受過四年小學教育，而且白手起家，但他的努力使他成為那個時代最富有的人。這就是生活中的一項真理，只有擁有具體而明確目標的人，才會時時受人尊敬和注目，才會成就偉大的事業。

2. 量化顯示

銷售目標要量化，能夠量化的要儘量量化(可以用數量、品質和影響等標準來衡量)。例如，銷售人員制定銷售目標的時候不要假大空，看起來很振奮人心，實際上沒有可操作性，更沒法進行核對總和考核，那麼就起不到督促自己的作用了。

例如，某人有一個目標是擴大人際關係網，但「多認識人」或「增加影響力」的目標是無法衡量和實施的，他需要找一個實際的、可衡量的目標，他就可以要求自己每週和一位有影響力的人吃飯，在吃飯的過程中，要這個人再介紹一個有影響的人給你。衡量這個目標的標準是「每週與一人吃一餐、餐後再介紹認識一人」。

3. 切實可行

制定的銷售目標必須切合實際，不能太高，也不能太低，要具有挑戰性和可完成性，經過銷售人員的努力可以達到。

例如，某銷售人員制定了每個月銷售額應該達到公司總銷售額10%的目標，而實際上他現在的銷售額才是公司總銷售額的0.05%，那麼他的這個目標就定得有些盲目，幾乎不能達到。如果他現在的銷售額已經是公司總銷售額的 8.5%了，那麼他的這個目標就可能是比較切實可行的了。

4. 協調一致

銷售人員的個人銷售目標要與企業的戰略和目標一致。個人的銷售目標必須與公司的總體戰略目標、策略清楚地相連，成為全公司的戰略管理系統的一部份。只有這樣，才能保證個體的目標與企業的目標一致，不至於導致兩者的矛盾。

為什麼要求確定銷售人員個人的銷售目標時，需要及時同上級溝通？這正是出於對企業整體戰略的考慮，保證企業的戰略能夠得到銷售人員的堅定貫徹。

5. 時間限制

銷售目標要有時限，要有合理的時間約束(一年、半年，還是一個月)。時限不能太長，也不能太短，預計屆時可以出現相應的結果。制定銷售目標的時候設定一個時間限制是很有必要的，這樣才能不斷督促並檢驗銷售人員的成果。例如，銷售人員可以制定自己的目標為本季銷售額比上個季增加 10%，這個目標就符合了時限性的要求。

沒有時限的銷售目標，不是一個有效的目標。銷售人員可能輕而易舉地為自己找到實現不了目標的藉口，使銷售目標的實現之日變得遙遙無期。

銷售人員確定的銷售目標只有真正符合了上述五項原則，才能真正起到作用。

銷售人員所確定的銷售目標應該是一個體系，不僅要包括長遠目標、年度目標，還要包括季目標、月目標，並且能夠把明確的目標細分成每日的行動計劃，根據事情的發展情況不斷調整自己的目標，並嚴格地按計劃辦事。例如要達到目標，每天要完成多少拜訪？要完成多少銷售額？今天拜訪了那裏？明天的拜訪路線是那裏？每天銷售人員心裏都應該對目標清清楚楚。

日本保險業的銷售大王原一平，給自己的目標和計劃就是每天拜訪 20 個客戶，如果那天沒有達到，他就一定不吃飯也要堅持晚上出去。就是憑了這種堅韌不拔的精神，使他當之無愧地成為頂尖的銷售大王，同時也給他自己帶來了巨大的財富。

此外，目標也需要進行有效的管理。只有對目標進行有效的管理，才能保證銷售人員真正達到目標。

目標管理源於美國管理專家杜拉克，他在 1954 年出版的《管理的實踐》一書中，首先提出了目標管理和自我控制的主張，認為「企業的目的和任務必須轉化為目標。企業如果無總目標及與總目標相一致的分目標來指導職工的生產和管理活動，則企業規模越大，人員越多，發生內耗和浪費的可能性越大」。概括來說，就是讓企業的管理人員和員工親自參加工作目標的設定，在工作中實行「自我控制」，並努力完成工作目標。

第五節　銷售主管的行動化

一、建立銷售計劃體系

企業要制定銷售計劃，任何一個企業的銷售活動都離不開銷售計劃的指導和控制。制定務實、可行的銷售計劃的能力能夠最真實地反映企業的行銷管理水準。很多企業在制定銷售計劃時缺乏科學的運作模式，表現出較大的隨意性。這種現象一方面可能導致計劃難以實現，另一方面可能會掩蓋問題或喪失機會。很多企業，尤其是中小企業的銷售計劃一般是粗略的，並且缺乏連續性，這將不利於企業的持續發展。

銷售計劃分年度、季、月計劃。做計劃一定要切實可行，有人做過一個形象的比喻——跳起來摘桃，即各計劃執行部門必須經過較大努力才能達到。計劃做的太高了，執行部門無論如何也達不到，這樣的計劃也就沒有什麼意義了。做完計劃後，必須將計劃分解到每一個區域，每一個分公司、每一個經銷商，一些管理比較精細的國產品牌能將 A 類零售店的銷量計劃分解出來。公司銷售管理部門要對計劃落實情況進行跟蹤，如果實際完成量達不到計劃量，各銷售管理部門就要分析原因，透過促銷、價格調整等手段，使實際銷量達到計劃量，如果實際銷量還是達不到，就必須調整銷售計劃。

銷售計劃是指在進行銷售預測的基礎上，設定銷售目標額，進而為能具體地實現該目標而實施銷售任務的分配作業，隨後編定銷售預算，來支援未來一定期間內的銷售配額的達成。銷售計劃的中心，就是銷售收入計劃。

產品計劃需在「質」的方面符合市場需求；而銷售計劃，則需在「量」的方面符合市場需求：

銷售計劃的內容主要包括如下：

· 進行銷售預測

· 確定銷售目標

· 分配銷售配額

· 編制銷售預算

· 制定實施計劃

圖 9-5-1　銷售計劃體系圖

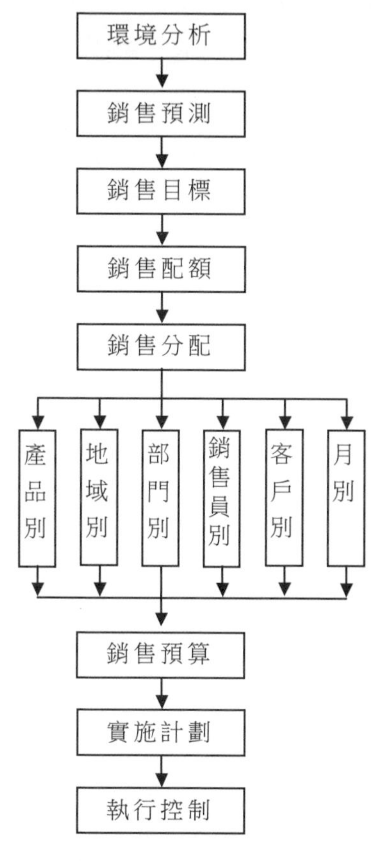

制定銷售計劃時，首先要進行環境分析，預測市場需求，以掌握整個業界的動態；然後再根據整個業界的預測值，作出自己的銷售預測。

其次是根據銷售預測，考慮經營者、各部門主管，以及第一線負責人所提供的銷售額建議，決定下年度的銷售收入目標額。同時，為了保證能將計劃實際付諸行動，還必須分配銷售配額。銷售配額分配的中心在於「產品別」的分配，以此為軸心而逐次決定「地域別」與「部門別」的分配額，然後，再進一步分配每一位銷售人員的銷售額。在如此細分銷售配額後，再按月份分配，擬定每月份的目標額。

參考銷售收入目標額、銷售分配等情況，估計銷售費用額，編制銷售預算。詳細擬定銷售目標實施計劃，並成立相應的銷售組織和作出合適的人事安排，確保銷售計劃的執行與控制。

銷售計劃依期間的不同，可概括分為長期計劃、中期計劃和短期計劃。一般說，三年至五年期的計劃為「長期計劃」；一年至三年期間的計劃為「中期計劃」；一年以下者為「短期計劃」。

銷售計劃宜以「定量」方式表現，而儘量避免「定性」式的表現，這樣，銷售計劃方能成為一種具體可行的計劃，為銷售活動制定明確的目標，為銷售活動指明方向。

二、銷售指標的部門溝通

卓越公司在把銷售指標的最終值在交付給部屬時，還會騰出充足的時間和部屬進行一對一的溝通。因為部屬在接受銷售指標時的恐懼感與壓力最大，銷售管理層要透過充分溝通，疏導部屬對銷售指標的壓力，幫助他們找到完成銷售指標的途徑與方法，並在能力範圍內盡可能地解決在完成銷售指標過程中面臨的難題。

銷售管理層不是在下達銷售指標，而是在推銷銷售指標；不僅要贏得銷售隊伍對銷售指標的認可，提高他們完成銷售指標的信心與士氣，還要獲得他們對完成銷售指標的承諾，更重要的是和他們一道找到完成銷售指標的方式方法。要透過銷售指標的推銷找到能真正提高銷售隊伍效能的措施。帶著真正幫助對方成功的心態來推銷銷售指標，會讓銷售指標真正落地，真正成為銷售隊伍的行為指南。

在向銷售隊伍推銷銷售指標時，一般要採取兩種推銷方法：第一，把分配給銷售員的指標進行進一步細分；第二，和銷售員一起設立以銷售指標為基礎的銷售目標。

一般來說，銷售員拿到銷售指標，第一眼就是看年度銷售量指標，如 500 萬元，作為銷售管理層就要引導他們看每個月每個產品的指標，並和他們把這個銷售指標細分到他所管轄的每個區域和每個客戶上，甚至把銷售指標細分到每次銷售訪問，引導銷售員把銷售指標和他的四個關鍵工作領域相關聯。

對銷售指標再細分的溝透過程，是最終幫助銷售員樹立完成指標的信心，並形成完成指標的實施方案。

例如銷售指標細分到訪問客戶數，要完成年度銷售指標 120 萬元，銷售員只要每天堅持打 13.6 個電話，每天拜訪 9.12 個客戶，從 340 個客戶中培育出 24 個平均訂單為 5 萬元的客戶。

銷售經理指導銷售員進行這樣的指標分解，銷售員就不會覺得 120 萬元的指標高不可攀了，同時，這也為銷售經理與銷售員在分解過程中充分進行交流提供了機會，促進他們進一步熟悉與理解的夥伴關係，銷售經理還可借此輔導銷售員。

表 9-5-1 電話銷售員的年度銷售指標細分模式

銷售員的年銷售指標	120萬元
平均每個訂單成交額	5萬元（這是銷售員去年訂單的平均額）
完成120萬元指標所需的訂單數	24個
拜訪客戶獲得訂單的概率	15：1（這是銷售員去年獲得訂單的客戶概率）
完成24個訂單所需拜訪的客戶數	340位
每位客戶所需要的拜訪次數	7次（行業內拜訪客戶的平均次數）
拜訪客戶的次數為	2280次
每天拜訪客戶的次數為	9.12次
電話約見拜訪的成功率	10：1（這是銷售員去年約見客戶成功率）
約見340位客戶所需的電話數	3400個
每個工作日的電話數	13.6個電話

表 9-5-2　銷售員的 X 產品年度銷售指標的細分

X產品年度銷售指標	5000盒
X產品年度銷售目標	6000盒
X產品的年度銷售夢想	6600盒
X產品月平均銷售目標	500盒(6000/12)
X產品每個工作日的平均銷售目標	22.7盒(500/22)
X產品每個工作日每家醫院的平均銷售目標	7.6盒(22.7/3)(3家醫院採購了X產品)
X產品每個工作日每家醫院每個目標意識的平均處方目標	1.3盒(7.6/6)(3家醫院6個目標處方醫生)
確保指標達成	3家醫院6個醫生平均每天處方：1.1盒
實現銷售指標	3家醫院6個醫生平均每天處方：1.3盒
實現銷售夢想	3家醫院6個醫生平均每天處方：1.43盒

三、銷售目標的執行

由負責銷售的副總經理負責，把各部門制訂的計劃彙集在一起，經過統一協調，編制每一產品包括銷售量、定價、廣告、管道等策略的計劃。扼要地綜合每一產品的銷售計劃，進而形成公司的全面銷售計劃。

對計劃加以說明，能使執行人員心領神會，貫徹執行起來更為有效。說明應注意以下幾點：

· 實現目標的行動，應分為幾個步驟；

· 註明每個步驟之間的關係次序；

· 每個步驟由誰負責；

· 確定每一步驟需要多少資源；

· 每一步驟需要多少時間；

· 指定每部份的完成期限。

凡是與計劃有關的情況，都應儘量說明。如：

· 以金額表示銷售量的大小；

· 企業目前市場佔有率是多大；

· 預期的銷售量是多少；

· 廣告費多少；

· 總的市場活動成本為多少；

· 銷售成本佔銷售收入的比例是多少；

· 毛利是多少；

· 毛利佔銷售收入的比例是多少。

計劃一經確定，各部門就必須按照既定的策略執行，以求完成銷售目標。

在執行計劃過程中，要按照一定的評價和回饋制度，瞭解和檢查計劃的執行情況，評價計劃的效率，也就是分析計劃是否在正常執行。通常，市場會出現意想不到的變化，甚至會出現意外事件，如自然災害等。銷售部門要及時修正計劃，或改變戰略策略，以適應新的情況。

四、銷售目標的分解方法

不少銷售管理者在對於銷售目標的進展為何落後於預期、銷售目標在那些環節偏離了軌道、銷售目標缺口該如何補救等，缺乏清晰的判斷、精準的分析和足夠的把控。

追根溯源，問題的癥結在於這些銷售管理者沒有對銷售目標進行細緻有效的分解。銷售目標之所以一定要進行分解，銷售目標要分解到何等細緻程度，取決於以下四大標準：

⑴責任歸屬：銷售目標的分解應能做到迅速定位和檢查影響目標順利推進的責任人和責任團隊。究竟是那個區域、那個團隊、那個銷售人員的表現影響了整體銷售目標的推進，銷售目標分解必須做到快速鎖定責任人和確定責任歸屬。

⑵制定計劃：在檢查分析的基礎上，銷售管理者可以針對性地制定更精細更精準的執行推進計劃，銷售目標分解越細緻，所制定的計劃越有針對性。

⑶便於分析：銷售目標的分解應便於定期檢查分析，一旦目標推進出現問題，銷售管理者能快速診斷到底是那些環節出了問題，到底是團隊問題、產品問題、市場問題、時間問題還是其他問題。

⑷補救對策：倘若目標落後，離預期產生一定缺口，銷售管理者可以根據目標的分解，設計切實有效的補救措施和能快速見效的應急政策。

銷售主管可以將銷售目標分解，即按照區域、產品、客戶、銷售人員和時間等，把目標層層分解。

⑴按區域劃分：把銷售目標分解到各個下級區域，例如李先生可以把 H 區銷售總目標分解到各個省級區域，再細分到各個城市區域。

⑵按產品劃分：把銷售目標分解到各個產品，例如李先生可以把 K 區銷售總目標分解到其三個主打產品上，分別設定 A 產品銷售額目標，B 產品銷售額目標以及 C 產品銷售額目標。

⑶按客戶劃分：把銷售目標分解到不同客戶類別，例如可分解到老客戶和新客戶兩個類別，也可以按照客戶品質分解到關鍵客戶，重要客戶以及普通客戶三個類別。

⑷按銷售人員劃分：把銷售目標分解和落地到每個銷售人員身上，讓每個銷售人員扛起銷售責任，分擔銷售指標。

⑸按時間劃分：把一年的銷售目標分解到每個季、每個月，便於檢查進展和核查進度。

銷售目標的分解，絕對不僅僅是任務的分配，更是調整計劃和補救行動制定的基礎和依據。目標進展在每個軌道上的定期診斷和分析，都能給銷售管理者制定改進計劃提供預警和思路，如表 9-5-3 所示。

表 9-5-3　銷售目標分解的檢查

銷售目標分解	進度檢查與對策分析
按時間劃分	目標進展在時間進度上是否正常，是否需要實施短期的閃電戰和攻堅戰加速目標的推進
按銷售人員劃分	各銷售人員在目標推進和執行中的總體狀況如何？是否要進行銷售團隊規模調整或結構優化？對於目標執行落後的銷售人員，是否需要進行突擊技能培訓與心態激勵
按客戶類型劃分	銷售目標分解到各類客戶上的進度如何？新老客戶在銷售額貢獻上的比重是否符合預期？新客戶的開發與業績貢獻是否滯後？現有客戶的需求深挖和交叉銷售是否有突破
按產品劃分	各產品的銷售目標進展是否正常？主打產品的銷售進展是否符合預期？新產品的推廣是否遇到阻力？各產品銷售額的比率是否偏離了計劃？是否需要針對某個產品採取特別刺激政策和促銷行動
按區域劃分	各銷售區域的目標進展是否正常，區域劃分是否合理，落後區域如何扭轉頹勢？是否需要對區域進行再度細分，以實現精耕

五、銷售目標的行動化

銷售經理在向下分解銷售指標時，需要幫助銷售人員把銷售目標行動化，即設計完成目標可採取的銷售行動。一旦銷售目標變成具體的銷售行動，那銷售人員的關注重點將從目標是否能完成轉移到目標如何能完成，這對銷售指標的落地和執行至關重要。

銷售目標制定後，若看不到作法，對銷售人員的激勵和督促作用將大大減小。有效的銷售目標必須做到視覺化，讓銷售人員每天、每週、每月都能將業績進展和自己的目標對照，並且和其他同事的目標進展對照，可以幫助銷售管理者提升銷售目標的視覺化。

表 9-5-4　目標視覺化的四大方法

目標視覺化的四大方法	具體做法
銷售目標的視覺呈現	· 在會議室建立目標榮譽牆，發佈每個銷售人員一年的目標承諾和階段完成率，讓每次會議都能產生視覺衝擊和緊迫感 · 把銷售目標列進視覺化的常用媒介，例如檯曆，記事本，內刊等，每個業務員人手一份 · 把銷售目標做進銷售團隊的內部資源網，任何人打開網頁就會看到目標進度頁面
銷售目標的可視獎勵	· 讓銷售人員把完成銷售目標所掛鈎的人生目標和獎勵視覺化，例如車子，房子，休閒度假，豪華婚禮等等，越是和人生可視夢想結合，銷售目標的直觀性和刺激效果越強
銷售目標的專人監督	· 讓銷售人員找一位同事作為目標監督人，每月進行月底監督，如果完不成，監督人就實施一次約定的懲罰
銷售目標的定期宣佈	· 透過電子郵件或內刊等形式把各銷售人員業績進展情況和目標完成率統計表發送給每個團隊成員，讓銷售人員每週和每月進行橫向和縱向對比 · 每月例會舉行全體成員的目標進度自我總結彙報，並結合目標完成情況進行現場獎懲

第六節　銷售部門的業務會議

一、分配「目標銷售額」的業務會議

在目標銷售額分配時，應該要對業務員、相關人員召開會議。從事分配工作有了分配會議，業務員對於自己所分配之銷售額，或對自己所應負責之銷售額有異議時，可以在會議中提出討論，如此，業務員對於銷售額分配工作，才能獲得信任及支援，對於預定目標之達成，也會較努力。如果在從事分配銷售額工作時，從不召開討論會議，由營業主管隨意地分配銷售額給業務員時，由於業務員對所分配銷售額多寡的疑問，無法獲得表明及解決，那麼業務員對於銷售額之分配工作，無法獲得信任及支援，則所分配之銷售額，就不會很熱忱地努力達成。

至於召開會議之程式及方法，皆與一般業務會議雷同。其會議主持人與召集人，皆應由業務單位最高主管擔任，而會議之記錄，應請出席參加人員，或有關業務工作人員，悉數簽認，如此，一則可以尊重業務員對於所分配銷售額所提供之意見，二則可以促使業務員接受自己所應負責之銷售額。

主管在召開協調業務會議之前，要做好各項注意要點：

⑴瞭解公司的經營方向。

⑵瞭解產品線的規劃、上市狀況。

⑶對於全體業務員之銷售能力，一定要有相當程度之瞭解。

⑷對於全體業務員所擁有銷售地區之大小，客戶之多寡，應該要有充分之參考資料及瞭解。

⑸對於全體業務員各期銷售之成績記錄，一定要詳細的資料依據。

⑹對於全體業務員之個性及推銷方法、方式等問題，要有充分之認識與分析記錄。

在「分配會議」時，開會之人員往往會認爲自己所分配之銷售額較高，這種現象，是一定會發生之問題，因爲業務員希望自己所應負責之銷售額低些，才較易於達成。但如果所有業務員皆要求降低自己之銷售額時，那麼公司所預定之銷售額也就無法達成，所以爲了要達成經營者所預定之銷售額，營業主管一定要與部屬進行協商。

分配銷售額之協定，是指全體業務員，對於經營者所預定之目標銷售額，一定要設法達成，而在分配銷售額之時，應該要合理性地調整與分配。這項協定工作之進行，是頗爲困難的問題，如果分配額幅度偏低之業務人員，堅持不再接受其他分配額，協定人員未能充分地疏導時，將會發生不愉快且尷尬之場面，否則就是將總預定目標降低。因此，分配銷售額之協定工作，營業主管一定要列爲重大工作而做相當的努力。

在「分配會議」進行時，營業主管對部屬加以「說服」、「說明」、「協調」，工作項目如下：

⑴在會議前，營業主管應先瞭解各業務員對分配額的看法。

⑵營業主管應私下列出各業務員所應負責之目標銷售額。

⑶營業主管將所列出之目標銷售額，與業務員所作的目標銷售

額作一比較表。

⑷營業主管個別進行初步討論及妥協。

⑸主管對於所妥協之銷售額，應比業務員自己所預定銷售額爲高。

⑹在會議進行時，對於全體業務員之人格，應一律尊重，不能受其能力、銷售實績等資料之影響。

⑺對於業務所提之問題，應予以詳細的解說及疏導、輔導，不要令其有被「忽視」的感覺。

⑻對於業務員所提有價值性之議題，除要週詳討論外，更要加以重視且實施之決定。

⑼對於業務員所提缺乏價值性之議題，也應要扼要且客觀地討論說明。

⑽對於會議之議程，不能受能力高之業務員所把持。

⑾在會議結束前，對於討論中所決定之議題或問題，應請記錄員最後口頭重覆一次。

所分配的「目標銷售額」，一旦決定之後的工作重點，與未來修正的工作重點，說明如下：

1. 分配「目標銷售額」決定後的工作重點

⑴分配決定後，其檢討要點，宜應著重在分配是否公平合理之檢討。

⑵分配決定後，應讓所有業務員瞭解，並要求業務員如有異議時，應於某一時限內申請重新分配，並列明要求申請重新分配銷售額之原因。

⑶分配銷售額決定之後，如所有業務員沒有任何異議時，應請

所有業務員，對於該分配之銷售額加以承認。

⑷公司除了在具體化的數字（目標銷售額）加以分配到業務員，更應在「精神層面」的加強業務員信心，如「授旗」、「上臺報告自己的責任額，將如何達到」、「頒發書面責任證書」等。

⑸在分配決定之後，應要同時（或隨後）公佈達成銷售額時，將獲得何種獎勵，以刺激業務員努力之心理。

⑹所公佈之銷售額目標達成獎金，其內容及幅度，應具有某種彈性幅度，如此，才能對「銷售額偏高且能達成目標」的業務員，有加強獎勵的效果。

2. 分配「目標銷售額」執行後的工作重點

⑴分配銷售額實施後，如發現有分配不均衡之現象時，應重新加以調整，但進行調整工作時，一定要獲得有關業務員之支援。

⑵對於「已達成銷售額目標」人員，應先在精神上予以鼓勵後，爾後，再進行協定工作之進行。

⑶對於「已達成銷售目標」人員之銷售目標提高，應同時考慮並暗示將給予某種幅度性之津貼，但該津貼之幅度不能太高，以便日後有調整之可能性及價值性。

⑷對於「未達成銷售目標」人員之銷售目標減少時，應同時考慮並暗示，必須努力達成未來之銷售目標，否則是不可能再有調整之機會。

⑸因銷售分配不均衡而要進行協定調整工作時，有關主持人員，必須尊重所有「已達成」、「未達成」目標銷售額之業務人員的人格、自尊心，絕不能有任何輕視或過分求全之情形。

二、「目標銷售額」的執行與督促

目標銷售額經過分配後，各轄區營業部門主管、業務員均瞭解到自己的「責任銷售額」，而該「責任銷售額」又以各種形態加以再現，例如，「在第一個月內甲產品應賣出×××數量，其中包括××店應賣××數量，△△店應賣△△數量」，針對這個目標再訂立行動計劃。

1. 主管要強調「過程管理」

計劃安排妥當之後，下一工作就是執行，執行結果必須加以評估，修正後又重新計劃，再度執行；若沒有加以「執行」，計劃會論爲「紙上談兵」。

爲達成計劃，必須強調「過程管理」，以「年度銷售目標」而言，若到年底才清算實際達成狀況！總有「時不我予」的遺憾！「過程管理」強調將工作拆開，縮小管理週期、管理幅度。

例如，一年 12 個月，故一年業績檢討，改爲「逐月檢討」。而每個月業績的檢討，有衆多產品混雜其內，無法區分優劣，故將每個月的業績檢討又依產品別加以區分。業務團隊人數衆多，也必須區分每個人的優勝劣敗，加以獎懲。又爲了提升管理交易，原來每個月的個人業績評估，可能縮短改爲每半個月評估一次。雖然這樣做會耗費更多時間、成本，但優點是保持機動性，瞭解達成的過程，可隨時加以跟催改善。

(1)有每日的業務活動檢查

有每日、每週的業績，才能創造每月的銷售業績。只要每日有按計劃去執行，必可獲得當日的業績，逐日加總即可成當月業績。將每日的目標計劃數字累計起來即成爲月計劃數字。

因此，其計算方式是：

每日的目標計劃數＝月目標計劃數÷當月的實際營業日數

每日的檢查：即是爲了時時檢查營業員的狀況，瞭解每日實績與每日的業務活動檢查，能夠確實地實施，可對業務員製造緊張感，尤其對新手，更有監督作用。

⑵有每週的業務活動檢查

週檢查，一個月實施四次，對於該月的業績推進管理上，有重要的價值。

銷售計劃以週爲單位加以分割，但其方法並非以月成績除以四的實際數字來計算，而是以第一週佔月計劃的 15%，第二週累計 40%，第三週累計 70%，第四週 100%等比例來分配。

週檢查要召集各業務員開會。它不像月檢查那樣有強烈的反省意識。相反地，週檢查要具有臨場感，在管理者的領導下，能提升營業員的鬥志，使得管理者根據每週的檢查，能夠成爲隔週的業務執行建議。

⑶有每月的業務活動檢查

當每個月的銷售情形告一個段落時，將當月的實際績效加以檢討評估，在「業績報告會議」上提報主管審核。

每月的業務活動檢查，應列出重點評估項目，例如「銷售目標達成率」，業務員或營業主管均應提出「達成率若干」、「原因爲何」、「下個月計劃達成狀況」。

表 9-6-1　業務員對各　品的挑戰目標

單位：業務二課

產品別＼人員別		萬華區		松山區	中山區	合計
		吳建國	李大忠	小 黑	李建明	
產品甲	配額	80	40	20	200	216
	挑戰	85	45	23		
產品乙	配額	17	25	15	70	84
	挑戰	20	30	19		
產品丙	配額	7	3	3	20	28
	挑戰	10	5	4		

2. 主管要設立業務團隊與業務個人挑戰目標

瞭解上級要求本單位達成之目標，並自我挑戰，努力執行對自己有期許的目標，並且落實個人目標銷售額到經銷店(客戶)目標銷售額。

各業務員將各產品月份應達成的銷售額、依責任區內的各經營店性質、過去實績、市場特性，加以分配其目標銷售額，未來更可依目標額與實績加以比較，以檢討績效。

表 9-6-2　經銷店的目標與實績

業績 \ 產品	3 月			
	××店	××店	××店	××店
	目標額/實績額	目標額/實績額	目標額/實績額	目標額/實績額
電鋸機				
鑽鋸機				
電動工具機				
合計				
當月累計				

3. 安排對客戶的拜訪推銷計劃

將經銷店依 ABC 重點管理原則，並按經銷店目標銷售額分配計劃擬出「訪問日程計劃」。

年計劃→月計劃→週計劃→每日訪問計劃

依據「過去實績」及「市場特性」來決定每月的可能訪問次數、訪問戶數，以及每個客戶的訪問頻率。

例如將客戶按重點管理原則，區分爲老客戶與潛在客戶：

⑴拜訪老客戶

	家數		頻率	訪問次數
A 級客戶……	8	×	4	＝32
B 級客戶……	15	×	2	＝30
C 級客戶……	32	×	1.2	＝38

每月訪問次數 100 次。

⑵開拓潛在客戶

每月拜訪 20 家。

每月開拓 3 家成功。

表 9-6-3　品別/月份別業績

摘要／商品名	區分	4 月			5 月			…
		銷售目標	銷售實績	達成率	銷售目標	銷售實績	達成率	
電動工具	當月	4870	4300	88.3%	4870	5600	114.9%	
	累計	29220	19700	101.6%	34090	35300	103.5%	
超細鉋床	當月	11050	7800	70.6%	11050	8400	76%	
	累計	66300	55500	83.7%	77350	63900	82.6%	
角床	當月	7500	6400	85.5%	7500	5100	68%	
	累計	45000	43300	96.2%	52500	48400	92.2%	
榫取床	當月	800	1100	137.5%	800	500	62.5%	
	累計	4800	5700	118.7%	5600	6200	110.7%	
萬能床	當月	25300	28600	113%	25300	28600	113%	
	累計	151800	183400	120.8%	177100	213800	120.7%	
一般鉋床	當月	3200	0	0%	3200	1200	37.5%	
	累計	19200	4300	22.4%	22400	5500	24.5%	
合計	當月	52720	48200	91.4%	52720	51200	97.1%	
	累計	316230	321900	101.8%	369040	373100	101.1%	

4. 主管要跟催「目標銷售額」的達成狀況

營業主管對部屬的實際業績必須加以瞭解與關心，並分割時間加以督促，例如按「日、週、月」爲單位來檢討目標銷售額計劃的進度，比較實績與目標值，並依產品別、部門別、地域別、客戶別進行銷售管制，分析差異所在，將檢討成果回饋到下個銷售行動，以得知「今後應如何達成目標」，營業主管並應利用「業務會議」「本月銷售報告會議」等機會督促部屬。

銷量分析和評估績效

第一節　銷售量的分析

銷售量分析，是詳細研究公司損益表中淨銷售部份所總結的公司記錄。它是按照產品系列、銷售地區、主要客戶和客戶類型來詳細研究銷售量的。它是對公司實際銷量與預期銷量目標的比較研究，是對公司的全部銷售數據進行詳細的研究和分析，具體包括同化、分類、比較及得出結論。

一、銷售量分析的冰山現象

在使用總體性或較為籠統的銷售數字對市場行銷與銷售活動進行評價的時候，常常會出現一些嚴峻的問題。例如，總體上令人滿意的銷售額和銷售利潤，可能會掩蓋個別領域出現的問題，就像冰山一樣，能看到的露出水面的部份只是整體的 10%左右。這個現象稱為銷售數據的冰山現象。

銷售數據冰山原理是指，以平均、求和或匯總性的數據代表全部銷售的真實情況，可能存在的全部問題。銷售數據的冰山原理，經常會讓很多銷售經理或其他管理者無法瞭解公司誤用的行銷努力和銷售努力。

銷售量分析在電腦時代變得非常簡單，能夠快速處理銷售分析中的大量數據，智慧手機和 GPS 的運用，使得銷售數據的輸入和銷售數據的審查變得非常簡單快速。有了現代的工具和軟體，銷售經理能夠更快地從錯誤中成長，而不是等到變成了歷史再從中吸取教訓。

銷售量分析運用得最普遍的，是收集銷售事實和分析銷售狀況的方法，它的作用主要在於明確銷售機構的優勢和弱點。它能向管理層展示公司過去、目前的銷售狀況及銷售預測，說明了那些客戶可以為公司帶來最多的銷售收入，那些地區是公司銷售收入的主要來源。它可以幫助銷售員隨時瞭解市場潛力(或市場容量)和競爭公司的變化情況和趨勢。

二、總銷售量分析

銷售量分析至少必須有的四個基本數據分析，即總銷售量、地區銷售量、產品銷售量、客戶類別的銷售量，這四個數據被稱為銷售量的分析基礎。

銷售量分析的出發點是總銷售量分析，它是所有客戶、所有地區和所有產品的銷售量總和。它是說明公司市場經營成果的首要指標，展現了一家公司的整體營運狀況。年度的總銷售量分析，最簡單也很容易進行。但連續的總銷售量分析，卻不是每家公司或管理層會去研究分析的，尤其是 3 年以上的總銷售量數據分析，對於銷售隊伍管理層而言，銷售量的變化趨勢比某一年的銷售量更為重要。連續 3 年以上的總銷售量分析，主要可以幫助管理層看到銷售量趨勢，並以此預測未來趨勢。

在衡量總銷售量的時候，銷售隊伍管理層一般要注意：第一，公司幾年的銷售趨勢如何？公司的總銷售量是否隨著時間的變化而出現增長或減少的趨勢？這些增長是產品銷售數量的增長還是產品價格的提高所致？

第二，行業的總銷售量的變化趨勢如何？如果公司的銷售量在行業需求下降(行業總銷售量減少)的情況下出現增長，要進一步分析本公司增長的具體原因。

第三，公司在整個行業的市場佔有率的變化趨勢如何？公司在行業的市場佔有率是否增加？競爭對手是否正在侵蝕本公司的市場佔有率？行業的市場容量(市場潛力)是否在變化？

三、人均類別的銷售量分析

如果企業行銷管理者分析到銷售隊伍人數，那麼就可以更深入地探究銷售數據，從而會更有針對性地找到需要改進的地方。

公司認為做得最好的地區，整個銷售隊伍的士氣也很高昂，但看表中數據後，發現 E 區的銷售隊伍的人均產出和銷售員的人均產出都不是最高的，兩個指標都低於全公司的平均水準。

E 區之所以做得好，是因為公司投入的人力資源很高。管理跨度過窄或管理層次過多，平均 5.5 個銷售員就對應 1 個銷售管理者，比公司的平均 6.4 個銷售員就對應 1 個銷售管理者還要低。同時，D 區雖然從完成銷售指標來看是最好的，銷售隊伍的人均產出和銷售員的人均產出也是最高的，但其也存在跨度過窄或管理層次過多的現象，平均 4.6 個銷售員就對應 1 個銷售管理者。未來必然存在管理的邊際遞減效應等，D 區需要擴招銷售員。

表 10-1-1　五大區的銷售量分析

地區	公司分配的銷售員數	公司分配的銷售員數	公司實際的銷售員數	公司實際的銷售員數	銷售指標（萬元）	實際銷售（萬元）	完成率	銷售隊伍實際人均產出	銷售員實際人均產出
A	73	81	70	82	37940	36140	95%	441	516
B	90	100	90	100	54200	55600	103%	556	618
C	120	136	120	135	75880	75060	99%	556	626
D	60	73	60	73	43360	47260	109%	647	788
E	110	130	110	130	59620	63940	107%	492	581
全國	453	520	450	520	271000	278000	103%	535	618

A 區在年初由公司批准了 73 位銷售員的名額和 8 位管理層，但是在年底，銷售員只有 70 位，而管理層為 12 位。管理幅度從計劃的 1：9 變成了 1：5.8，這說明 A 區的管理層開始變得臃腫，低於公司的平均的 1：6.4，這或許是 A 區的大區銷售經理有意為之，或是 A 區招聘不到銷售員(這說明公司在 A 區的影響力不佳)；增加了銷售管理層，增加了管理支出，銷售指標依然沒有完成，而且低

於行業的市場指數，這說明 A 區存在很多銷售隊伍管理問題，值得企業主、市場行銷總監關注。A 區是公司的短板，也是公司最薄弱的環節。C 區是做得最好的地區，企業主、市場行銷總監，需要以 C 區為樣板，確定各個大區的管理跨度、人均產出等指標；並從 C 區提拔區域銷售經理到中層銷售管理者，為其他大區輸入血液。同時，要研究 C 區的成功之處，把其成功方法在公司內部宣講和傳播。銷售隊伍的人均銷售量分析，如果能得到行業及各個大區行業的人均銷售量數據，那就更加可以客觀地看到銷售數據的冰山沒有露出水面的部份。當然，如果能得到競爭對手或榜樣公司的人均銷售量數據，也是一個比較好的辦法。

第二節　銷售員的績效評估作用

企業聘用銷售人員，並對銷售人員進行培訓、激勵、監督和控制，目的在於提高銷售人員的業績，進而提高企業的銷售業績。而這一切的關鍵又在於銷售經理是否能夠對銷售人員進行客觀、公正地考核與評估。

評估銷售員的績效的主要目的，不是當銷售員犯了錯誤或錯過重要事情時去懲罰他們，而是審核過去的銷售成果，建立未來的銷售目標，確立銷售員的發展機會，明確指出銷售員待改進的地方，表揚銷售員做得好的地方，從而帶領銷售員更好地繼續工作，協助和支援銷售員實現銷售目標，獲得好的銷售績效。

一、銷售員績效考核的作用

績效考評的目的是透過考核提高每個銷售人員現有的效率，實現整體的銷售計劃進而實現企業的目標。同時績效考核的結果也是銷售管理者進行人事決策和甄選、培訓銷售人員的依據。

1. 保障銷售目標的完成

銷售目標是銷售管理過程的起點，它對銷售組織、銷售區域的設計及銷售定額的制定起著指導作用。這些工作完成之後，銷售經理開始招聘、配置、培訓和激勵銷售人員，促使他們朝著銷售目標努力。同時，銷售經理還應當定期收集、整理和分析有關銷售計劃執行情況的信息。這樣做一方面有利於對計劃的不合理處進行修改，另一方面則有利於發現實際情況與計劃的差異，以便找出原因並尋求對策。可見，有效的績效考評方案如同指南針，它保證銷售人員實現企業的銷售目標。

2. 加強對銷售活動的管理

在銷售管理過程中，銷售經理一般每月對銷售人員進行一次考評。有了每月的考評，各銷售區域的業務活動量會有所增加，因為銷售人員都希望獲得較好的考評成績。同時，銷售活動的效率也會提高，因為績效考評會讓銷售人員週密思考和謹慎行動，用更理智的方式做事。績效考評還能讓銷售經理監控銷售人員的行動計劃，及時發現問題。

3. 業績考評是甄選、培訓銷售人員的依據

優秀的銷售人員，其工作業績就是優秀的，因此甄選優秀銷售

人員，就要依靠對銷售人員業績的考評。透過對銷售人員業績的考評，不僅能甄選出優秀的銷售人員，將其委派到重要的工作崗位，而且有助於發現每個銷售人員的工作特點，為用人所長，更好地發揮每個銷售人員的長處提供了依據。

4. 為銷售員的獎酬提供依據

公正的考核，公平的獎酬，對激勵銷售人員非常重要。有效的績效考評方案是對銷售人員的行為、態度、業績等多方面進行全面而公正地考評，考評的結果不論是描述性的還是數量化的，都可以為銷售人員酬薪的調整、獎金的發放提供重要的依據。而且，企業能夠在客觀評價的基礎上給予銷售人員合理的報酬或待遇，激勵銷售人員繼續努力。

5. 讓銷售員清楚企業對自己的評價，引導銷售人員發展

雖然銷售經理和銷售人員會經常見面，並且經常談論一些工作上的計劃和任務，但是銷售人員仍然很難清楚地明白企業對自己的評價和期望。績效考評是一種正規的、週期性的銷售評價系統，績效考評的結果是向員工公開的，員工有機會瞭解企業對他們的評價，從而正確地估計自己在組織中的位置和作用，減少不必要的抱怨。

每位員工都希望自己在企業有所發展，企業對員工的職業生涯規劃就是為了滿足員工自我發展的需要。

績效考評是一個導航器，它可以讓員工清楚自己需要改進的地方，指明了員工前進的方向，為員工的自我發展鋪平了道路。

二、銷售員績效考核的原則

要建立一套在完成公司業績指標的基礎上，使企業和員工雙方滿意的考核體系，避免操作過程陷入困境。

1. 實事求是

實事求是就是要求績效考評的標準、數據的記錄等要建立在客觀實際的基礎之上，對銷售人員進行客觀考核，用事實說話，切忌主觀武斷。缺乏事實依據，寧可不做評論，或注上「無從考察」、「有待深入調查」等意見，按客觀的標準進行考核，引導成員不斷改進工作，避免人與人之間的摩擦破壞組織團結。

2. 回饋改善

在績效考評之後，企業要組織有關人員進行面談討論，把結果回饋給被考核者。同時，考核者應注意聽取被考核者的意見及自我評價。存在問題不要緊，應及時修改，建立起考核者與被考核者之間的互相信賴關係。

3. 重點突出

為了提高考評效率，並且讓員工清楚工作的著重點，考評內容應該選擇崗位工作的主要方面進行評價，突出重點。同時，考評內容不可能涵蓋崗位工作的所有內容。考評的主要內容以影響銷售利潤和效率的因素為主，其他方面為輔。

4. 公平公開

績效考評應該最大限度地減少考核者和被考核者雙方對考評工作的神秘感，績效標準的制訂應透過協商來進行。考核結果公開，使企業的考評工作制度化、規範化。

5. 工作相關

績效考評是對銷售人員的工作評價，對不影響工作的其他任何事情都不要進行考評。例如員工的生活習慣、行為舉行、個人癖好等內容都不宜作為考評內容出現，更不可涉及銷售人員的隱私。在現實的績效考評中，往往分不清那些內容和工作有直接聯繫，結果將許多有關人格問題的判斷摻進評判的結論，這是不恰當的，考評過程應就事論事。

6. 重視時效

績效考評是對考核期內的所有成果形成綜合的評價，而不是將本考核期之前的行為強加於當期的考評結果中，也不能選取近期的業績或比較突出的業績拿來代替整個考核期的績效進行評估，這就要求績效數據與考核時段相吻合。

第三節　銷售員的績效考核流程

銷售人員的績效考核對於激發銷售人員的積極性，規範企業的銷售管理，實現企業銷售目標具有十分重要的作用。良好的績效考核有利於引導銷售人員的行為進而實現組織目標。透過考核指標的設置，企業可以引導銷售人員朝著有利於組織或是組織需要的行為方向上努力，從而實現組織目標。

良好的績效考核能透過績效考核可以瞭解銷售人員的能力、專長和態度，即識人，從而將其配置在合適的職位上，實現人盡其才。

績效考核是員工調動和升降職位的依據。績效考核側重於對員工的工作成果及工作過程進行考察，透過績效考核，可以提供員工的工作信息，如員工工作成就、工作態度、知識和技能的運用程度等。根據這些信息，可以進行人員的晉升、降職、輪換、調動等人力資源管理工作。

績效考核也是確定薪酬和獎懲的依據。現代管理要求對員工的工作成果作出客觀評價，透過績效考核可以評價每個銷售人員的工作成果，並將其與薪酬、晉升、獎勵、培訓等掛鈎。不同的績效獲得不同的待遇，有利於形成不斷進取的組織氣氛。

銷售人員的績效考核過程主要包括以下幾方面的步驟：收集考核資料、建立績效標準、選擇考核方法和進行具體考核。

（一）第一步是收集考核資料

考核資料是對銷售人員績效考核的依據。因此，考核資料的收集務必全面、充分，同時收集數據的成本要合理。

1. 企業銷售記錄

過去企業常常認為將這些記錄整理太費時間，但是數據庫技術的不斷發展給企業提供了充分利用這些銷售數據的絕佳機會。

銷售記錄例如顧客記錄、區域的銷售記錄、銷售費用的支出等，這些都是開展銷售人員績效考核的基本資料。利用這些資料可計算出某一銷售人員所接訂單的毛利，或規模訂單的毛利，對考核銷售人員的績效有很大的幫助。

2. 銷售人員銷售報告

銷售報告可分為銷售活動計劃報告和銷售活動業績報告兩類。銷售活動業績報告主要提供銷售人員已完成的工作，如銷售情況報告、費用開支報告、新業務的報告、失去業務的報告、當地市場狀況的報告等。

銷售活動計劃報告包括地區年度市場行銷計劃和日常工作計劃等。許多企業現在已開始要求銷售人員制定銷售區域的年度市場行銷計劃，在計劃中提出發展新客戶和增加與現有客戶交易的方案。各企業的要求也不盡相同。有些企業要求對銷售區域的發展提出一般性意見；另一些企業則要求列出詳細的預計銷售量和利潤估計。銷售經理將對計劃進行研究，提出建議，並以此作為制定銷售定額的依據。

日常工作計劃由銷售人員提前一週或一月提交，並說明計劃進行的訪問和巡廻路線。管理部門接到銷售代表的行動計劃後，會與他們接觸，提出改進意見。行動計劃可指導銷售人員合理安排活動日程，為管理部門評估其制定和執行計劃的能力提供依據。

使用銷售人員銷售報告要注意報告的準確性、完整性、及時性。隨著信息技術的發展，企業可以利用各種各樣的信息技術幫助企業不受時間和空間限制獲取銷售人員的報告。如某石化公司的銷售代表每天都將銷售報告透過電子郵件的形式向總部彙報。

3. 顧客意見

顧客對銷售人員的評價是銷售人員銷售成果的體現，因此評估銷售人員應該聽取顧客的意見。有些銷售人員業績很好，但在顧客服務方面做得並不理想，特別是在商品緊俏的時候更是如此。如某公司一位銷售人員負責某地區的銷售事務，經常以商品緊張為由對其顧客提出一些非分要求，如要求用車等，這對公司形象造成很不好的影響。收集顧客意見的途徑有兩個，一是顧客的信件和投訴；二是定期進行顧客調查。

4. 企業內部其他職員意見

這一資料主要來自行銷經理、銷售經理或其他有關人員的意見，銷售人員之間的意見也可作為參考。這些資料可以提供一些有關銷售人員的合作態度和領導信息。

（二）第二步是建立績效考核標準

績效標準可以分為衡量銷售結果部份和衡量銷售過程部份。績效標準既應該關注銷售結果，也應該關注銷售過程。當然，在不同的企業發展階段，績效標準可以有所側重。

雖然建立績效標準是績效考核中最困難的環節，但是如果要評估銷售人員的績效，一定要有良好而合理的標準。標準作為基準，可以用來衡量銷售人員的績效。同樣，標準也讓銷售人員瞭解工作任務，指導並規劃工作。標準必須公平合理，否則銷售人員會喪失工作興趣，甚至對管理層失去信心，士氣大損。銷售績效標準過高或過低對於績效考核來說不僅毫無意義，甚至有害。

主管應充分瞭解整個市場的潛力，每一位銷售人員在工作環境和銷售能力上的差異，績效標準應與銷售額、利潤額和企業目標相一致。公平而有效的績效標準需要管理人員根據過去的經驗，結合銷售人員的個人行動來制定，並在實踐中不斷加以調整和完善。

建立績效標準的方法有兩種：一是為每種工作因素制定特別的標準，例如訪問的次數；二是將每位銷售人員的業績與銷售人員的平均績效相互比較。

常用的銷售人員績效指標主要有：

- 銷售量，用於衡量銷售增長狀況，是最常用的指標。
- 毛利，用於衡量利潤的潛量。
- 訪問率(每天的訪問次數)，用以衡量銷售人員的努力程度，但不能表示銷售成果。
- 訪問成功率，為衡量銷售人員工作效率的指標。
- 平均訂單數目，多與每日平均訂單數目一起用來衡量、說明訂單的規模與銷售的效率。
- 銷售費用，用於衡量每次訪問的成本。
- 銷售費用率，用於衡量銷售費用佔銷售額的比率。
- 新客戶數目，是開闢新客戶的衡量標準，這可能是銷售人員的特別貢獻。

（三）第三步是選擇績效考核方法

績效考核的方法很多，有些新的考核方法尚在不斷的發展中。就銷售人員的業績考核來講，較具代表性的方法有尺度考核法，橫向比較法、縱向分析法。

（四）第四步是進行銷售員的銷售效率考核工作

在對銷售人員的銷售效率進行具體考核時，一般要經過如下流程：銷售人員日報表→銷售效率月報表→銷售效率計算表→銷售效率直觀圖。下面進行簡要說明。

第四節　銷售員的考核標準

管理者應清楚明瞭整個市場的潛力和每一位銷售人員在工作環境和銷售能力上的差異，要評估銷售人員的績效，一定要有合理標準。績效的標準應與銷售額、利潤和企業的目標一致。

一、客觀的績效標準

在績效標準中，客觀性績效標準因為是按職務標準進行的量化考評，因而能夠最有效地對銷售人員的業績進行評價，客觀性績效標準，包括以下：

1. 銷售量

大多數銷售經理考評銷售人員績效的第一個標準就是銷售

量，拋開其他因素，銷售最多的就是最好的。但是，銷售量不能完全說明企業銷售人員對企業利潤和客戶關係貢獻的多少。為了使銷售量評估更有價值，在實際考評時，一般將銷售人員的總銷售量按產品、客戶或訂單規模分析研究，並與產品、客戶的分類定額指標相對比。

2. 訂單的數量和訂單平均規模

銷售人員獲得的訂單數量和訂單平均規模也是銷售人員績效考評的重要標準。這一分析按客戶類型劃分，更能瞭解銷售人員的客戶銷售效率。有的銷售人員得到了太多的小批量、非營利的訂單，儘管總銷售量因為幾個大的訂單而令人滿意。也有的銷售人員很難從某些類型的客戶得到訂單，只能從其他客戶那裏取得訂單來彌補。

3. 毛利

除了考核銷售量外，銷售經理應該更多地關心銷售人員創造的毛利。毛利是銷售人員工作效率的一個更好的考評標準，因為它在某種程度上顯示了銷售人員銷售高利潤產品的能力，個人對利潤的直接貢獻理所當然是考評銷售人員績效的重要標準。

4. 平均每天訪問顧客的次數

銷售績效的一個關鍵因素是訪問客戶的數量，銷售人員如果不訪問客戶，就無法銷售產品。通常訪問次數越多，產品賣得越好。如果某銷售人員每天訪問三次客戶，而合理的企業銷售人員日訪問客戶的平均水準是四次，那麼有足夠的理由相信，銷售人員將日訪問率提高到平均水準上，其銷售業績一定會上升。

5. 平均訪問成功率

訪問成功率即收到的訂單數與訪問次數的比率。作為績效標準，訪問的平均成功率表示了銷售人員選擇和訪問潛在客戶的能力和成交能力。將平均成功率和日訪問率進行結合分析更有意義。如果訪問率高於平均水準，但是訂單數量低於平均水準，那麼可以推斷銷售人員可能沒有在每個客戶身上花足夠的時間。或者，如果訪問率和訪問成功率都高於平均水準，而平均訂單很小，說明銷售人員的銷售技能有待提高，應學會如何有效地訪問客戶。

6. 直接銷售成本

直接銷售成本是銷售人員所發生的銷售費用之和，如出差費用、其他業務費用、獎酬等。績效考評的成本標準一般採用銷售費用率或者訪問費用率。如果銷售人員的銷售費用率或訪問費用率高於平均水準，可能表示該銷售人員的工作表現差，或者銷售地區缺乏潛力，或者面對的是新的銷售區域。平均成功率低的銷售人員，通常單位訪問成本也高；日訪問率低的銷售人員，單位訪問成本也高。

二、主觀績效標準

在建立客觀績效標準的同時，也要建立主觀定性的績效標準，因為這類標準代表了銷售人員的主要活動，並且也是對定量考評結果的解釋。在考核定性績效標準的時候，應當盡可能地把考核人的個人偏見和主觀性的影響減少到最低程度。主觀性績效標準，包括以下：

⑴銷售技巧標準，包括發現賣點、產品知識、傾聽技巧、獲得客戶參與、克服客戶異議、達成交易等。

⑵銷售區域管理標準，包括銷售計劃、銷售記錄、客戶服務、客戶信息的收集與跟蹤等。

⑶個人特點，包括工作態度、人際關係、團隊精神、自我提高等。

定性考評有助於解釋定量考評的結果。例如一名銷售人員的銷售量很低，其原因可能是交易方法不佳。只有同銷售人員一起工作，才能確定引起問題的原因。因此，主觀考評有時可以是銷售經理直接與銷售人員面談，面談的內容可能涉及：該段時間做了多少次客戶拜訪；客戶及潛在客戶的名稱；拜訪的結果；拜訪後預期會接到的生意或訂單及其總額；何時可接到確切訂單；所訂購的產品或服務有那些；失去訂單或客戶的情況；潛在客戶流失的原因；本月無法結案的潛在客戶的狀況：還有那些未完成的任務；該銷售人員是否按照行動計劃工作；如果該銷售人員尚未達到目標，是否有迎頭趕上的計劃；經理能提供什麼明確的指導或幫助等。

表 10-4-1　銷售人員績效考核指標體系分配表

因素	目標	指標	配分	總分
工作態度	品德修養	事業心和進取心	4	20
		責任心	3	
		真誠	3	
	工作實踐	資料準備	5	
		推銷次數以及時間運用(心理承受)	5	
推銷能力	智力素質	對產品性能掌握程度	4	20
		知識結構及運用(薪金意識)	3	
	推銷技巧	談吐	3	
		觀察力、聯想力	4	
		對顧客心理掌握情況	4	
		創新精神	2	
推銷結果	銷售量	產品銷售數量	20	60
		顧客對銷售員的滿意程度	10	
	信用	人際關係	15	
		顧客對產品的印象	15	

表 10-4-2　銷售人員績效考核表

要素	目標	指標	尺規	隸屬度幅度	得分
工作態度	品德修養	事業心和進取心	· 工作熱情時高時低，缺乏進取精神	0.1～0.3	0.4～1.2
			· 可熱情工作，但不持久	0.4～0.6	1.6～2.4
			· 有進取心，工作熱情主動，積極性高	0.7～0.9	2.8～3.6
			· 在任何情況下，都有明確的奮鬥目標，積極進取	1	4
		責任心	· 對銷售狀況漠不關心	0.1～0.2	0.3～0.9
			· 涉及個人利益時，會關心公司狀況	0.3～0.5	0.9～1.5
			· 對分配下來的推銷任務被動完成	0.6～0.9	1.8～2.7
			· 對公司產品的銷售積極參與，與公司共命運	1	3
		真誠	· 只為推銷產品，不擇手段，掩蓋真相	0.1～0.3	0.3～0.9
			· 誇大優點，縮小產品缺點	0.4～0.6	1.2～1.8
			· 實事求是		
			· 顧客購買了產品，並感動於是自己作出的選擇	0.7～0.9	2.1～2.7
			· 對推銷員信賴	1	3
	工作實踐	資料準備	· 把公司的宣傳品一發了事	0.1～0.3	0.5～1.5
			· 用公司選產品，依自己情緒好壞，講解時多時少	0.4～0.6	2.0～3.0
			· 自己整理資料，所選產品有特色	0.7～0.9	3.5～4.5
			· 講解細緻生動	1	5
		推銷次數及時間運用	· 被拒絕就不嘗試，等到該完成任務時才去	0.1～0.3	0.5～1.5
			· 被拒絕還接著嘗試，按時完成任務	0.4～0.6	2.0～3.0
			· 被拒絕還接著嘗試並轉換方式，提前完成任務	0.7～0.9	3.5～4.5
			· 鍥而不捨，月初即完成總銷售額50%以上	1	5

續表

要素	目標	指標	尺規	隸屬度幅度	得分
推銷能力	智力素質	對產品性能的掌握程度	·對產品性能不瞭解	0.1～0.3	0.4～0.8
			·一知半解	0.4～0.6	1.2～2.4
			·大部份瞭解	0.7～0.9	2.8～3.6
			·全面瞭解，並知其構造、生產過程、使用和修理知識等	1	4
		知識結構及運用	·知識水準低，對實際生活沒有感觸	0.1～0.3	0.3～0.9
			·知識水準一般，能總結自己的經驗	0.4～0.6	1.2～1.8
			·知識水準一般，能總結自己、他人、實踐中的經驗	0.7～0.9	2.1～2.7
			·知識水準好，善於聯繫交際，能活學活用	1	3
	推銷技巧	談吐	·刻板，目中無人，惹人反感	0.1～0.3	0.3～0.9
			·嚴肅，滔滔不絕	0.4～0.6	1.2～1.8
			·平和，說話有分寸	0.7～0.9	2.1～2.7
			·爽朗，幽默	1	3
		觀察力和想像力	·無觀察力、想像力	0.1～0.2	0.4～0.8
			·觀察不細緻，聯想不豐富	0.3～0.5	1.2～2.4
			·觀察較細緻，聯想較豐富	0.6～0.9	2.8～3.6
			·觀察入微，盡收眼底，舉一反三	1	4
		對顧客心理的掌握情況	·不懂顧客心理	0.1～0.2	0.4～0.8
			·一知半解	0.3～0.6	1.2～2.4
			·能瞭解顧客心理所想	0.7～0.9	2.8～3.6
			·掌握顧客心理，並向有利於自己的方向引導	1	4
		創新精神	·一成不變，照本宣科，固守一個形象	0.1～0.3	0.2～0.6
			·偶爾變換形象	0.4～0.7	0.8～ 4
			·不太考慮環境，一味追求新穎	0.8～0.9	1.6～1.8
			·根據產品特性等，設計自己形象	1	2

第五節　對銷售人員的指導監督

銷售主管透過各種銷售日報表、銷售計劃表等，可以有效瞭解銷售員的工作情況，從而針對不同問題，給予相應的指導，實際上也是對銷售員的監管和督促。

可依據需要設計訪問報表，以適合不同的銷售活動。在設計報表時，若能時時提醒自己這些問題，避免問些不必要的資訊，必可設計出銷售員不介意填寫、你讀起來也沒有麻煩的報表。

從銷售人員的日常工作分析的角度出發，在工作過程類表格裏，以下表格是最基礎的：

⑴月工作計劃表。用來比較詳細地描述下個月該銷售人員的業績計劃和銷售支持計劃等。

⑵週工作計劃表。是對月工作計劃的適當分解，用來明確描述下一週銷售人員的工作安排。主要包括本週人事、每天工作計劃和財務考核情況。

⑶銷售工作日報表。銷售日報表就是銷售人員一天的工作記錄，主要記錄銷售人員一天的工作活動，包括拜訪客戶和必要的商務支援工作，這有助於銷售經理掌握銷售人員每一天的工作進程。這裏主要介紹三個非常重要且常用的表格：月工作計劃表、週工作計劃表和銷售工作日報表。

一、銷售工作日報表

銷售工作日報表就是銷售人員一天的工作記錄(如表 10-5-1 所示)。工作日報表要求在每天下班之前填好，包括拜訪客戶和必要的商務支援工作。工作日報表的填寫要注意如下問題：

記錄每天的工作情況，它並不是記流水賬，不必嚴格要求時間的連續性。例如，由於堵車，銷售人員有不少時間都花在路上，如果執意要求工作日報表的時間連貫，就會使銷售人員苦苦地回憶自己等什麼車花了多少時間，或某些時間在忙些什麼，這是沒有必要的。但與銷售工作和客戶相關的內容不能落下，並且起始時間要填寫清楚。工作日報表的最後，有一個備註，可以體現銷售人員的認真程度，責任心強的銷售人員會經常把市場上遇到的問題寫在這裏，銷售經理在審看時也要認真留意這一部份，及時地給該銷售人員回饋意見。

表 10-5-1　銷售工作日報表

姓名：　　　　　　區域：　　　　　　日期：　　年　月　日

NO	客戶名稱	接洽人	訂貨名單	等級	數量	單價	金額	交貨日期	其他接洽記錄
1									
2									
3									
4									
5									
6									
7									
8									
9									
10	合計								

今日訪問家數		本月累計訪問家數		明日預定訪問客戶	

本月營業目標：　當日收款總計：　已完成目標累計：　未完成目標累計：

市場動態品質反應		主管評估工作價值	
			總經理　經理 主管　製表

備註紀要：

表 10-5-2　銷售人員綜合業績統計表

月份	銷售業績		回款業績		客戶管理		市場信息收集	
	計劃/元	實際/元	計劃/元	實際/元	上月客戶數/人	本月客戶數/人	信息條目	有價值信息
一月								
二月								
三月								
四月								
業績綜合評價								

二、銷售員為何要填寫報表

1. 為何要填寫銷售日報表

銷售員日報表可作為擬定現在到將來銷售計劃的基礎，即使要發生一個指令，如果沒有銷售日報表帶來的情報，就和聽從盲人而去亂闖沒有兩樣。

銷售日報表的目的及其用途可歸列如下：

①市場需要及其動向的把握。

②技術情報的收集。

③競爭者情報的把握。

④銷售員的行動管理。

⑤目標達成程度的評價。

⑥銷售員洽談技術上問題點的把握。

⑦擔任者所遭遇問題的分類。

⑧顧客調查情報。

⑨銷售員的自我管理。

⑩製作銷售統計。

⑪地區特色的把握。

銷售人員不寫銷售日報表，這是大多數銷售經理的煩惱。

有這麼多用途的銷售日報表，實在大有用處，如果沒有銷售日報表，簡直就像銷售員失去了手足一樣。

2. 銷售員何以不願填寫銷售日報表

大有用處的銷售日報表，銷售人員何以不願意填寫呢？銷售人員的回答可歸納如下：

①可用口頭報告代替。

②無論如何總覺得這不是自己的日報表。

③被用來作為評定服務成績的資料，所以討厭它。

④將被實績逼得喘不過氣來。

⑤沒有時間填寫。

⑥銷售經理容易應付。

⑦只要求我們填寫，但並沒加以活用。

⑧根本不知道如何運用日報表。

⑨那種報告式的東西複雜又難記。

⑩麻煩死了。

⑪傳閱時買賣糾紛被上司或同事看到會引起問題。

⑫即使寫了也得不到指示。

上面列舉了銷售人員不願意填寫日報表的原因，其中特別是銷售經理對日報表內容不做任何反應，以及沒有任何回饋，這就是大家不願意填寫銷售日報表的最大原因，銷售經理要理解到這一點。

要銷售人員填寫銷售日報表的第一個條件必須是銷售人員和銷售經理對日報表都有真摯的關心。第二個條件是要下功夫研究，使這份日報表很容易填寫，因為銷售人員都是經過忙碌辛苦的訪問之後，拖著疲憊的身子回來的，盡可能不要再把繁重的擔子交給他們挑，不過日報表也得盡可能提供豐富而具體的情報。可謂容易填寫的銷售日報表的特點應該是什麼呢？今列舉如下。

①記號式。

②固定式。

③必要項目須事先印好，並採用選擇式。

④不需要寫文章的日報表。

三、透過各種銷售報表指導銷售員

1. 為什麼經理需要看銷售計劃日記

銷售計劃日記讓經理人有機會審視銷售員計劃如何分配時間。如果有人花太多時間拜訪老客戶，沒有足夠時間拜訪潛在的新客戶，則經理有機會在事情發生之前，建議他改變行程。經理要做的不是馬後炮的工作，他們得花時間和第一線銷售員在一起。檢查銷售計劃日記有助於經理決定那天什麼時候要和那位銷售員一起。因此更能善用時間。銷售計劃日記和拜訪報表可交叉比對，看銷售員是否在實行他們的計劃。銷售計劃日記的另一個作用，就是和銷售預估表比較。銷售員計劃拜訪的客戶的案子，是否和那段時間內計劃取得的訂單數量一致？若不是，則銷售員希望如何了結那些訂單？

一般的銷售員對每週需要填寫拜訪報表的反應，就和老鼠見了貓一樣——厭惡害怕之至。訪問報表上要的資料似乎再簡單不過了：你去了那裏？你見了什麼人？你賣了什麼？不用說這些問題的答案對管理都極其重要。訪問報表就像是診測企業脈搏的手指。但銷售員從來都不喜歡填訪問報表，未來恐怕也不可能喜歡。那並不表示銷售經理不需要從銷售員那裏取得訪問報表，以完成他們管理角色的責任。

2. 督促報表準時交回

如果目前使用的已經是一份訂單的報表格式，能提供經理所有所需的基本資訊，又用不到銷售員幾秒鐘的時間就可以填完——但部份銷售員仍然經常晚交——經理下一步該怎麼辦？有些銷售員會在你不斷催促、提醒、要求，甚至威脅後交。經理要採取什麼行動？經理需要在訪問報表還像是剛從熱騰騰的爐子裏拿出來那麼新鮮時就用到它。因為那時的資料最寶貴，仍可以採取某些行動。此外，高層主管也不會原諒發生因為銷售員遲交報表、讓經理無法完成資料摘要的事。他們受不了延遲。

除了開除人之外，其實經理還是有辦法讓總是遲交報表的屬下準時交報表(他們很可能業績表現非常好)。最簡單的方法就是告訴屬下，以後訪問報表若是未和每星期的支出憑證一塊兒交，就不能報銷。

3. 報表上找出表現差的銷售員

早一點找出偷懶的銷售員，在問題變成災難前加以排除？銷售區域內有那樣的銷售員愈久，下一個銷售員要想將銷售導入正軌就需要愈久的時間。

· 報表的訪問次數中，很少有示範或調查的記錄。多數的偷懶者都知道，這些明確的記錄較容易查證。

· 找出很少記錄人名或電話的報表。

· 找尋平均支出「以下」的銷售員。逃避的偷懶者不希望冒險申報太高的支出。此外，多數人沒有野心偽造支出，以免受到檢查。

· 報表上每星期都列出相同的訪問、相同的客戶、相同的潛在客戶。這些訪問都是假造的，不工作的銷售員不想花時間或精力做任何事情，甚至不想費力改動訪問報表。然而，他們的報告通常總是會準時交，因為他們少有其他事情好做。

四、運用管理表格發現問題並修改

銷售員的銷售活動，大部份是在公司所在地以外的場所進行的，也就是離開了主管可直接控制的領域，而投入客戶所在的領域。銷售員都「必須」或「偏好」單兵作戰、獨立作業，因此銷售員的活動除了開會時間、中午休息時間有機會被觀察瞭解外，其他的時間，完全處於開放自由的狀態。

銷售人員的管理與控制最有效的作法之一，是填寫銷售管理表格。銷售管理表格是每位銷售員每月、每週、每天的行動報告書，也是所有行動在人、事、時、地、結果、進度等方面的總記錄。填寫銷售管理表格不單是銷售人員日常管理的重要手段，也是改進銷售工作的主要依據。但如果管理表格的設計不合理，利用得不充分，不僅不能起到預測或回顧銷售過程的作用，還會耽誤銷售人員的時間，起不到管理表格的作用。

實際上，在管理表格的推行過程中常常會遇到很多問題，例如銷售人員剛開始時還能堅持填寫，過一段時間後就會敷衍了事，推行管理表格的銷售經理也只好不了了之。銷售人員一般都願意把工作過程說出來，而不喜歡在管理表格中寫出來。但是，無論是公司規範化管理的要求，還是銷售人員梳理整個業務情況的要求，管理表格都是非常重要的。銷售經理一定要要求銷售人員養成填寫管理表格的習慣。

管理表格對銷售經理管理銷售團隊有著非常重要的意義。但是在管理表格的運用過程中，經常會出現這樣那樣的問題：有的表格設計得過於複雜，有的表格設計出來了但銷售人員不願意填寫，有的表格填完就完，無人問津。凡此種種，原因是多方面的，要想儘量減少這些問題的發生，就要注意管理表格的設計和應用。

設計管理表格的總體原則是簡單明瞭、分清輕重緩急、急用先行、刪繁就簡、控制關鍵。控制關鍵，把煩瑣的內容刪掉，把關鍵的內容控制住，這是管理表格的核心。

管理表格的設計應該可以使銷售經理發現銷售人員存在的問題，並進行指導和修改。銷售經理透過管理表格的填寫內容，應該可以發現銷售人員存在的問題，指導銷售人員的具體工作。例如，在拜訪過程類管理表格上，一定要體現出以下要點：

⑴針對某客戶所花費的時間。因為從對客戶的時間投放上，可以看出這個銷售人員所努力的客戶群是否準確。

⑵針對客戶是什麼人。從此點可以看出這個銷售人員接觸的客戶是那個層次的，是一般員工、管理層還是決策層，將來就可以幫助他進行分析。

⑶與客戶探討了那些話題。因為瞭解了這些信息，對銷售人員的銷售方式就有了一個初步的把握，將來就能夠比較好地幫助他提高這個銷售機會成功的完成概率。

根據這些原則設計的管理表格，能使銷售人員簡單快速地完成填寫，並且對其銷售工作有很好的指導作用。對於銷售經理來講，也便於控制、管理銷售人員，及時地發現問題並採取相應的措施，以求更好地完成銷售任務。相反，如果在管理表格裏，不設計這些對未來管理控制有益的欄目，就不能透過管理表格收集到這些關鍵步驟的信息，管理表格的應用效果，就會大打折扣。

五、管理表格的抵觸現象

管理表格的設計工作雖然複雜，但推行和督導銷售人員填表更難。這其中，很可能需要銷售經理長期堅持，直到銷售人員從這些表格中獲益，逐漸形成「團隊習慣」為止。通常，針對團隊成員在表格填寫方面的不合作，銷售經理可以採取有效的措施來進行管理表格的督導。

管理表格的推行與督導過程中的抵觸現象主要表現為：一是銷售人員提出反對意見。例如「計劃不如變化快」、「沒時間」、「沒必要」等，甚至四處遊說，散佈抵觸情緒。二是銷售人員不執行，嘴上雖然不說，但就是不填不交、一拖再拖。抵觸情況是很正常的，尤其是若銷售團隊之前缺乏規範的管理，突然加入管理表格的控制方法，大家都會不適應。當然，即便如此，跳出來抵觸的，也仍然是少數。面對帶有抵觸情緒的個別銷售人員或是一個小群體，銷售經理可以採取以下方法來予以督導：

(1)當眾表明立場和決心。

銷售經理或是更高一級經理，應該反覆向整個銷售團隊強調管理表格的重要意義——是企業運作規範化的標誌。此外，管理表格對每個銷售人員的銷售活動也有很強的推動作用，國際知名企業也都是透過各種管理表格，來實現管理和業績雙豐收的。同時，在正式會議上，銷售經理還要強調企業推廣規範化管理的決心，並明確企業針對管理表格的獎懲措施。

(2)個別談話。

在強調管理表格的重要性之後，還可能會有個別銷售人員明裏或暗裏抵觸，這時，銷售經理應當找他們進行個別談話。談話的內容不應是指責和教訓，而是先聽他們的真實想法，因為有的銷售人員是因為對管理表格有偏見才抵觸的，這時，應當再次強調管理表格對企業和個人的重要性。如果發現對方是因為由於自己的懶散而不願填寫表格的話，就要明確警告，表明企業的立場。

(3)嚴格執行。

在管理改造推進的過程中，可以設計兩週到四週的過渡，一旦過渡期結束，就一定要按企業規定，落實獎懲。銷售團隊在管理表格的管理上，一定要做到執法必嚴、違法必究。

對於表格的督導，不僅要落實到具體的獎懲措施上，而且對於那些積極配合管理、認真填寫表格的銷售人員，要不斷鼓勵，把他們樹為榜樣，鼓勵大家向他們學習。這樣做既可以表明企業的立場，銷售經理也可以借此向大家表明自己的態度。

⑷經理示範。

銷售經理在與銷售人員探討表格的時候，要著力引導銷售人員認真地分析這些表格。例如，在輔導銷售人員訂立月計劃的時候，第一次可能要幫助他向每週分解，然後還要幫助他進一步分析當前正在接觸的客戶，看一看根據客戶訂單的情況，下一個月那幾個客戶可以簽約等。每個管理表格都有它的關鍵應用點，這些應用點做好了，就能夠很好地規劃銷售人員的銷售活動。但是一般的銷售人員，能做到認真填寫就已經很不錯了，充分應用則一定要在銷售經理的認真引導示範下進行。

⑸榜樣的力量。

銷售經理可以讓表格填寫認真、對表格應用充分的銷售人員在銷售例會上介紹經驗，讓他拿出自己的表格現身說法，這樣會大大激發大家挖掘表格的潛力，應用表格指導銷售活動的積極性。

第六節　銷售隊伍的兩人拜訪

常見的銷售隊伍兩人拜訪，是指銷售經理和銷售員兩個人去拜訪客戶，這是最常見的聯合銷售拜訪，它提供了銷售經理觀察銷售員與客戶面對面交流互動的機會。透過兩人拜訪，銷售經理還可以掌握銷售員對各項知識的運用情況。業績告訴銷售經理的是結果，而兩人拜訪則可以讓銷售經理瞭解為什麼某位銷售員會有某種業績。

銷售經理還可以在銷售訪問結束後，馬上對銷售工作中出現的問題進行討論，並提出改進的措施，鞏固良好的銷售措施，提高銷售員的銷售技巧。同時，為審視自己的銷售隊伍管理、銷售管理及公司行銷管理提供了很好的診斷機會。銷售經理根據兩人拜訪得到一線的真實資料，來修正自己的管理政策，並為今後的管理決策找到真實依據。

兩人拜訪，還會讓銷售員感受到自己很重要，受到銷售經理的重視，從而對公司產生更高的歸屬感。銷售經理不僅要安排時間和業績不好的銷售員進行兩人拜訪，還要和業績好的銷售員進行兩人拜訪，這樣做有兩個好處：一是好的銷售員也有不好的習慣，銷售經理借此進行指導或輔導；二是發現好的銷售員的成功秘方，及時給予認可和表揚，並迅速運用到其他銷售員身上。

一般而言，業績一般或業績較差的銷售員，對銷售經理參與的兩人拜訪會有緊張情緒，銷售經理要設法讓他們輕鬆下來，讓銷售員感覺到，銷售經理瞭解他們在銷售工作中所面臨的壓力與困難，銷售經理是來指導他們的銷售工作的，是來幫助他們成為更具職業性的專業銷售員的，是來幫助他們提高銷售技能的，是來發現他們做得好的地方的，是來幫助他們解決工作中的實際問題的，而不是來挑他們的毛病的。

一、兩人拜訪的種類

兩人拜訪的種類有共同拜訪、示範拜訪、指導性拜訪三種。

⑴共同拜訪。

這種拜訪的方式是銷售經理和銷售員一起拜訪客戶，一起做生意，銷售經理的目標可能是協助銷售員完成一項十分重要的交易或答覆客戶曾提出的問題。銷售經理所具備的較純熟高深的銷售技巧、產品知識和職務職銜上的聲望，對這類的拜訪會以很大的幫助。因為銷售經理和銷售員在此時注意力都集中在客戶身上，所以對傳達指導的目的幫助並不是那麼強烈，但是，還是可以為銷售經理提供一個觀察銷售員行動/行為的機會。

⑵示範拜訪。

這類的拜訪形式是銷售經理和客戶做生意，銷售員在一旁觀看學習。這種方式為新進銷售員初期的訓練提供了非常有用的示範作用，讓他們漸漸熟悉拜訪客戶時的操作情形和方向。當要示範新的技巧或建議改變某些做法時，這種示範拜訪對有經驗的銷售員也是十分有用的，通常，和有經驗的銷售員一起拜訪客戶時，銷售經理應該只對需要注意的地方提供新的技巧或建議，應該不會讓這些

「老」銷售員覺得沒有面子才對。在這種形式的隨訪中，銷售經理可以先做示範，經過幾個客戶的拜訪之後，可以讓銷售員照著試一試。其實，做法有很多，就看銷售經理如何去運用了。在這種拜訪中，無疑地為銷售經理提供了一個寶貴的機會來指導銷售員，在這個階段，銷售經理的督導風格對銷售員會造成深遠的影響，所以此時，銷售經理應該尋求運用一種民主方式或指導方式的風格來帶領部屬。

示範拜訪是教導銷售員最有效的方法。它的有效性取決於銷售經理扎實優秀的銷售技巧和積極的心理素質。如果銷售經理的技巧不夠卓越或需要改善知識的領域，那麼銷售經理必須立刻進行自我改善，或者讓銷售員和這些方面表現卓越的同事一起隨訪。當銷售經理決定親自向銷售員做角色示範時，要按照以下八個步驟來進行：第一步，和銷售員一起回顧先前的拜訪記錄；第二步，就拜訪目標達成共識；第三步，討論銷售經理的個人角色(銷售經理將會如何做，如何運用銷售員準備的銷售輔助物，銷售經理如何進入，如何介紹，兩人將坐在那裏，等等)；第四步，準備最初接觸；第五步，拜訪；第六步，拜訪之後立刻要銷售員對整個拜訪提出批評和點評，讓銷售員說出銷售經理的示範拜訪時如何完成銷售目標，並認真回答銷售員對這個示範拜訪所提的任何問題；第七步，決定需要跟催的行動，設定下次拜訪目標；第八步，選擇下一個拜訪，如果遇到類似的情形，讓銷售員來試一試。只有在銷售員能立刻應用所學到的知識和技巧時，銷售拜訪的示範拜訪才發揮效用。

⑶指導式拜訪。

銷售經理在此形式的拜訪中，除非於對談碰到真正的關鍵重要的論點，否則盡可能不要介入銷售員的行動，只需在一旁觀察即可。指導式拜訪具有七個好處：其一，它是唯一瞭解銷售員銷售能力的方式；其二，它是完整觀察銷售員實際操作情形的唯一可行方式；其三，它是一種花費不大而且可以迅速發現和發展銷售員的長處，以及減少他們的弱點的方式；其四，在不影響其他銷售員情況下，對需要「特別注意」的銷售員，它是一種最好的「關照」方式；其五，它可以幫助並「拯救」那些做法不對的銷售員；其六，讓一位新進的銷售員能有一個好的開始；其七，如果發現當初錄用這位銷售員的決定是錯誤的話，它提供了一個重新考慮的機會。

有效的指導式拜訪需要進行規劃。指導式拜訪的目的是改善銷售員目前的表現。為了要使指導式拜訪工作獲致最大成效，事前的規劃是很重要的。首先，可以從回顧客戶拜訪記錄開始，包括業務報表、拜訪日報表、評估業務發展計劃與結果表、銷售成績及其他相關事物。其次，找出部屬的長處、弱點及銷售經理本人認為這位代表的自我的發展方向。最後，指導拜訪的安排。在市場的時間應包括四個過程，即拜訪前的簡述(目標等)、拜訪客戶時的應對、拜訪後的分析、最後的討論。

拜訪前的簡述，又稱指導拜訪前的熱身，主要包括以下內容：與銷售員一起回顧客戶拜訪記錄；指導客戶的篩選，勾繪出這天的工作目標；讓銷售員告訴銷售經理有關客戶的背景，以及這次拜訪的目標為何；讓銷售員說明其拜訪計劃要點，看看他/她的計劃是否完善，如果計劃合理的話，就接受，如果需要改善，則一起和銷售員重新擬訂(這也是另一個指導的機會)；決定銷售經理在隨訪期間的各種角色(同意當個「救火隊員」，尤其是和新銷售員一起工作時)。

指導式拜訪時的應對好壞，也會影響指導式拜訪的效果。在進入銷售指導式拜訪時，建議銷售經理按照下列步驟執行。第一步，讓銷售員先進入辦公室，然後找到最適當的位置坐下來，開始交談和討論。銷售經理要節制開始的寒暄時間，也不要與客戶討論銷售拜訪目標，因為這是銷售員的工作。銷售員可以視情況決定是否介紹銷售經理，如果要介紹的話，銷售員可以這樣說：XXX 經理，我給你介紹一下，這位是我的經理 XXX，我們今天一起工作。」第二步，如果客戶直接問銷售經理問題的話，銷售經理要盡可能地簡短回答，然後讓銷售員能夠主控這個機會回答客戶的問題。例如，銷售經理可以這樣說:「XXX 對這個問題似乎更有想法，來，XXX 談談你的想法。或者這樣說:「我相信 XXX 能更好地回答這個問題，XXX 經理，因為他更瞭解你的具體情況。第三步，如果客戶要銷售經理參與討論，銷售經理可以利用這個機會來幫助銷售員建立名聲與地位，但銷售經理必須把介入控制在最低限度內。

在指導式拜訪中，銷售經理何時介入？我們建議一般在以下三種情況下，銷售經理可以介入：一是當此次拜訪是非常重要的時候，也就是說，如果不成功，便喪失了一筆重要的交易；二是當銷售員不慎提供了不正確的資訊給客戶時；三是就銷售經理本人過去的經驗得知某些銷售員在被「解救」後，願意接受指導時。

當銷售員與客戶進入銷售對談時，銷售經理要觀察全部、全心傾聽、全盤監督。指導式拜訪的好處就在於，它為銷售經理提供了一個寶貴的機會，銷售經理可以客觀準確地觀察銷售員是如何與客戶進行面對面的交流的；銷售經理在真實的環境中，瞭解銷售員運用產品知識和各種推銷技能的情況，從而更好地幫助自己規劃銷售隊伍管理工作。

二、兩人聯合拜訪後的分析改善

聯合拜訪後的分析，是指導關鍵。首先，銷售經理對銷售員的產品介紹與整個拜訪務必作出客觀的評估。其次，在拜訪結束的瞬間，迅速整理出將要和銷售員討論的內容，選擇一兩個主題即可，並找出銷售員做得「最好」和「最差」的地方。再次，要採取修正一點點的策略(一次只提出一個缺失，以期確實改進)。最後，進行兩人拜訪後的分析面談：一是面談要友善、簡短；二是要扮演教練的角色，而非只會挑出缺失；三是讓銷售員自己先進行分析評論這次的拜訪情形；四是遵照 KISS(Keep It Simple＆Stupid)的原則，只需注意一兩個主要的問題上；五是當要評估好的地方/行為時，注意運用「你」的技巧，當要批評缺失或建議事項時，注意運用「我們」的技巧；六是，確定銷售員瞭解銷售經理對此次拜訪所做的分析，並且信服地接受銷售經理的建議。這種分析面談可以是正式的，也可以是隨感而發式的。沒有必要在每次拜訪之後都進行正式面談，否則在有限的時間內，無法體驗到銷售員真實的一天拜訪情況，甚至會打亂銷售員的拜訪安排。所謂隨感而發的面談，就是簡單地回顧一下剛才拜訪中所發生的一兩個關鍵性問題，主要是避免下次拜訪出現類似的情形；也可以簡單地恭維幾句。拜訪後的分析面談一般是在路途中或等候客戶期間完成的。整個兩人拜訪的最後討論與總結。在完成全部的兩人拜訪之後，銷售經理應該和銷售員平心靜氣地坐下來，面對面地就當天的全部拜訪情況作個討論和總結。銷售經理要有耐心和策略，認真負責任地完成兩人拜訪的最後討論。

銷售經理可以運用先前所討論過所有的指導技巧。一是讓銷售員進行自我評估。可以定性評估，讓他透過回顧兩人拜訪情形，找出自己做得好的地方和需要改善的地方。二是肯定銷售員做得好的地方。三是審視預定的目標是否達成，將拜訪達成的進展歸功於銷售員的努力。四是修改現有目標或制定新目標。五是針對新目標，找出需要改進的地方。六是擬出新的行動方案，對所要採取的行動得到銷售員的同意。七是設定下次兩人拜訪的時間。八是雙方填寫兩人拜訪評估表見表 10-6-1，填寫的兩人拜訪評估表，複印一份給銷售員以作備份。九是以提問方式進行指導締結。詢問銷售員「你從我們的討論中學到了什麼？」然後，針對重要議題再做一次總結。

在結束兩人拜訪，離開銷售員之前，銷售經理要讓銷售員認同，兩人拜訪是銷售經理的職責，感謝銷售員提供了履行職責的機會，兩人拜訪是銷售經理提供指導和幫助的一部份；同時，要確實讓銷售員感受到這次兩人拜訪帶來的收穫(技能得到提升，態度得到提升，從而提升了業績，賺到更多錢)，讓銷售員對下一次兩人拜訪產生一種期待。

表 10-6-1 聯合銷售拜訪評估表

一、背景				
地區/城市		時期		
聯合拜訪客戶數量		共同拜訪次數		
聯合拜訪醫院數量		示範拜訪次數		
討論的產品		指導拜訪次數		
拜訪的專科	神經內科	心內科	消化科	內分泌科
外科	骨科	眼科	五官科	其他

二、技巧/知識/策略運用				
項目	評價	得分		
*知識		較好	一般	較差
· 知識				
· 醫院				
· 產品				
· 競爭產品				
· 政府保健政策				
合計得分				
*技巧		較好	一般	較差
· 溝通(MR與客戶1對1的交流)				
· 運用產品帶給客戶利益的技巧進行銷售				
· 處理客戶提出的疑問				
· 克服客戶不同態度的能力				
· 面對群體客戶的表現				
合計得分				
*策略運用		較好	一般	較差
· 組織/運用推廣資料				
· 實施推廣策略				
· 時間的管理				
· 公司價值觀在工作中的實施				
合計得分				
總計得分				
評分標準：較好，7～10分；一般，4～6分；較差，0～3分				

三、跟蹤/行動計劃			
跟蹤行動	預期結果	執行人	執行時間
區域銷售經理		銷售代表	

許多銷售經理覺得他們必須經常和銷售員一起工作，因此也經常交替安排一天和一個銷售員一起隨訪，拜訪客戶，有的則安排較少的時間(如一個上午或一個下午)與部屬一起，工作半天的時間，然後再換另一個銷售員。為了要正確適當地評定部屬的技巧、知識、長處和弱點，建議銷售經理盡可能花費至少連續的兩個工作日陪著部屬在市場拜訪客戶。

因為當銷售經理做這樣的時間安排時，可以觀察到部屬如何和不同類型個性風格的客戶交流，並且在變化的競爭環境中，能有：

有較多的時間指導部屬(讓市場上的時間產生價值)。　在不同的場合做觀察(共同拜訪、示範拜訪、指導拜訪等)。　觀察部屬的習慣和態度機會(客戶資料的整理，拜訪前的準備，組織的技巧或其他的工作習慣)。同時，一次安排兩天或兩天以上的時間進行兩人拜訪，可以更客觀地看到這位銷售員的真實市場情況和工作情況，因為在銷售經理在場的情況下，幾乎沒有那個銷售員願意去拜訪那些難纏的客戶。時間較長，就可以避免銷售員事先的有意安排。時間越長，銷售指導的好效果越明顯。

第七節 銷售員的收回帳款

賒銷又叫作信用銷售，是指廠家在同購貨客戶簽訂購銷協定以後，讓客戶將企業生產的成品先拿走，購貨客戶則按照購貨協定規定的付款日期付款，或以分期付款形式逐漸付清貨款。這一銷售過程表明，賒銷是企業或支援企業的銀行對產品買主提供信貸的一種銷售，即企業不能立即收回貨款，客戶短期佔用銷貨企業資金的銷售形式。

企業願意提供賒銷的另一個前提是出於對客戶的信任。企業在對客戶具備了一定的瞭解，認為其有能力也有願望在約定的未來支付這筆貨款，不會給企業帶來違約損失後，才會將貨物賒銷出去。

一、帳款危機徵兆

經驗證明，大多數企業的付款危機都有一些徵兆，銷售人員應注意以下的危機徵兆，根據種種跡象，判斷是否已出現付款危機。

1. 有付款危機的跡象

①在要賬時客戶強調各種客觀原因，如「公司的客戶沒有付款」、「老闆出差了」、「我們雙方貿易時間很長，你為什麼不相信我們」、「你們公司貨物有品質問題」、「購貨單與帳單不一致」、「我公司還沒有收到帳單」，等等。

②推翻已有的付款承諾。

③未經同意退回有關單據。

④不經許可退貨。

⑤突然或經常轉換銀行及帳號。

⑥交易額突然增大，超過客戶的信用限額。

⑦提出延期付款。

⑧提出改變原有的付款方式。

⑨客戶提出了破產申請。

⑩在媒體或其他場合聽到或看到對客戶不利的消息。

2. 避免債務發生風險的行為準則

對客戶進行信用調查分析，在一定程度上可以預防債務的發生，除此之外，推銷人員在推銷過程中，也應該遵循一些行為準則，避免貨款不能及時收回的情形出現。

①未雨綢繆，回款工作開始於銷售之前。與其在應收賬款追討上耗費精力，不如在客戶選擇上早下工夫。

②債務發生後，要立即要賬。英國銷售專家波特· 愛德華研究發現，賒銷期在 60 天之內，要回的可能性為 100%；在 100 天之內，要回的可能性為 80%；在 180 天內，要回的可能性為 50%；超過 12 個月，要回的可能性為 10%。國外專門負責收款的機構研究表明，賬款逾期時間與平均收款成功率成反比。賬款逾期 6 個月以內應是最佳收款時機，如果欠款拖至 1 年以上，成功率僅為 26.6%；超過 2 年，成功率只有 13.6%。

③經常要賬。對那些沒有及時付款的客戶，如果推銷人員要賬時太容易被打發，客戶就不會將還款放在心上，能拖則拖。而如果推銷人員經常要賬，則會使客戶很難再找到拖欠的理由，不得不還

款了。

④要賬方法要因客戶而異。推銷人員要根據客戶的類型運用不同的方法要賬。有時，客戶還款確實存在一定困難，並不是存心賴賬，這時可以運用一些變通的方法。如在瞭解了客戶的經營困難後，推銷人員就可以利用自己的知識，幫助客戶分析市場，策劃促銷方案，以自己的誠心和服務打動客戶；也可以在市場「象徵性」地幫客戶收幾筆其下線客戶的欠款。這樣，往往會收到很好的效果。

二、創造條件實現回款

做好回款工作，除了加強回款工作的管理以外，還要善於創造回款實現的良好條件，即通過自我努力達到回款環境的改善，從而促進回款工作的開展。創造回款實現的良好條件，主要體現在以下幾個方面：

1. 提高銷貨與服務品質

企業所面臨的許多回款難題，與其銷貨與服務水準密切相關。產品性能不穩定，品質不過關，或售後服務落後，均會導致客戶的不滿，從而使回款的任務難以完成。企業必須努力改變這種局面，關鍵是把現代行銷的基本理念貫穿到銷售工作的各個環節，徹底摒棄傳統的銷售觀念。

2. 重視客戶資信調查

市場交易並非不存在風險，為了儘量降低交易的風險，銷售人員有必要先對客戶的資信狀況做出評估。這樣做一方面能自覺迴避一些信用不佳的客戶；另一方面，也便於為一些客戶設定一個信用額度，從而確保貨款的安全回收。

3. 加強回款技能培訓

回款是一項技術性很強的工作，不少行銷人員推銷有術、要款無方，即便是一些經驗豐富的銷售人員，也難免會在回款工作中表現出某種程度的怯弱。為了推動回款工作的開展，企業要加強對銷售人員的回款技能培訓。

4. 回款工作制度化

所謂回款工作制度化，就是企業要對回款工作的各個環節，諸如目標設定、激勵制度、評估和指導、回款技能培訓、回款工作配合等方面做出明確的規定，以便使回款工作有章可依、有規可循。顯然，回款工作制度化，是創設良好回款氣候的可靠保證。

三、建立貨款回收風險的處理機制

賒銷的實質是向客戶提供兩項交易：向客戶銷售產品和對客戶提供短期融資。雖然賒銷只是擴大銷售的手段之一，但在銀根緊縮、市場疲軟、競爭對手如林、資金匱乏等情況下，賒銷的促銷作用十分明顯。

加強貨款回收的風險管理首先應嚴格按企業的有關規定區分「未付款」、「拖欠款」和「呆壞賬」。

1. 未收款的處理

當月貨款未能於規定期限內回收者，財務部應將明細列表交銷售公司核准；銷售公司經理應在未收款回收期限內負責催收。

2. 拖欠款的處理

未收款未能如期收回而轉為拖欠款者，銷售公司經理應在未收款轉為拖欠款後幾日內將未能回收的原因及對策，以書面形式提交公司分管經理核批；貨款列為拖欠款後，行銷管理部門應於 30 日內監督有關部門解決，並將執行情況向公司分管經理彙報。

3. 呆壞賬的處理

呆壞賬的處理主要由銷售部負責，對需要採取法律程序處理的由公司另以專案研究處理；進入法律程序處理之前，應按照呆壞賬處理，處理後未能有結果，且認為有依法處理的必要的，再移送公司依法處理。呆壞賬移送公司後，應將造成呆壞賬的原因、責任人等應承擔的責任調查清楚，提交公司行銷決策層研究。

在回收貨款過程中，若發現收款異樣或即將出現呆壞賬時，必須迅速提出收款異樣報告，通知公司有關法律部門處理，若有知情不報或故意矇騙的情況，應當追究當事人的責任。尤其應該強調的是銷售人員離職或調職，必須辦理移交手續，其中結賬清單要由有關部門共同會簽，直屬主管應負責實地監管，若移交不清，接交人可拒絕接受呆賬(須於交接日期起規定日期內提出書面報告)，否則就應承擔移交後的責任。

四、企業的追賬策略

一旦應收賬款無法按期收回，企業必須採取適當的措施追回貨款，盡可能降低應收賬款變成壞賬的可能性，使企業的損失降到最低。

1. 企業自行追賬

(1)自行追賬的基本方法

①函電追賬

企業自身的追賬員通過電話、傳真、信函等方式向債務人發送付款通知。

②面訪追賬

企業自身的追賬員通過上門訪問，直接與債務人交涉還款問題，瞭解拖欠原因。

③ IT 追賬

企業利用電子郵件向債務人發送追討函，或與其交流意見。

(2)自行追賬的特點

①函電追賬方式簡便、易行，企業可以委派內部人員獨立操作，無需經過仲裁或司法程序，可以省去一定的時間和費用；但力度較小，不易引起重視。

②面訪追賬屬於比較正規、有力的追討方式，但耗時多，費用高，異地追賬不宜採用。

③追賬速度快，費用低，可以雙向交流。企業用電子郵件將付款通知書發給債務人，債務人轉發給自己的分銷商，分銷商加注意見後再轉發給這家企業。電子追賬是未來追賬的優先選擇。

④及時解決債務糾紛，避免長期拖欠的產生。

⑤氣氛比較友好，有利於雙方今後合作關係的發展。

(3)自行追賬的幾種輔助方法

①採用對銷售商和購買商都有利的現金折扣

如果一個銷售商借款的年利率為 12%，那麼向他提供 2%的現金折扣和等待為期 60 天的延期付款兩者成本相等。

②向債務人收取懲罰利息

拖欠貨款在其超過最後付款日的時間會發生非計劃性的利息支出，將這些額外成本轉給債務人負擔是合理的。實際中使用的利息率應帶有懲罰性。

③對已發生拖欠的客戶停止供貨

如果一個客戶不能支付前一次貨款，企業還繼續為其供貨，等於表明企業寬恕客戶的拖欠行為，自願承擔所有的損失。

④取消信用額度

如果客戶不能按照合約履行付款責任，企業應及時改變或取消其原有的信用額度。

⑤處理客戶開出的空頭支票

客戶付款的支票遭銀行拒付時，應引起企業的特別注意。千萬不要把遭拒付的支票退回給客戶。在債務訴訟中，它將成為對債務人還款能力指控的有力證據。

⑷自行追賬的特殊策略

①長期、大型客戶

追賬經理或財務經理上門追賬；優先解決爭議和問題；在非惡性拖欠情況下，可以保障繼續發貨。

②一般客戶

採用一般收賬程序；根據其信用限額，欠款超過規定天數停止發貨。

③高風險客戶

對高風險客戶，應立即停止供貨，並嚴密監控並追討欠款。

2. 委託追賬

債務糾紛發生後，企業將逾期賬款追收的權利交給專業收賬機構，由其代理完成向債務人的追收工作。目前，國際上的欠款追收大都是依靠各國收賬機構相互代理、協助完成的，比例達 60%以上。

⑴委託追賬的基本方法

①專業追賬員追賬

專業追賬機構接受企業的委託後，首先要對該債務進行調查核實，制定相關的追討策略；然後由追賬員與債務人直接接觸、商洽，並通過多種途徑向其施加壓力。

②律師協助非訴訟追賬

律師作為法律顧問參與追賬，負責與債務人律師的交涉和重要文件的起草工作。

③訴訟追賬

追賬機構可以協助企業採取法律行動，一般由追賬機構的長期簽約律師受理案件，這些律師有著良好的信譽和豐富的工作經驗，而且部份律師可以免收或事後收取調查費。

④申請執行仲裁裁決

追賬機構可以協助企業向法院申請執行仲裁裁決。

⑵委託追賬的特點

①追收力度大

專業機構大都採用自身的專業追賬員或代理機構在債務人當地進行追討，無論是從追收形式、效果上，還是從對債務人的心理壓力上，都遠遠高於企業自行追討的力度。

②處理案件專業化

專業機構在處理債務問題方面具有相當豐富的經驗，對於每一個拖欠案件，都會制定一套包含多種手段的追討方案，包括對案件的分析評估，與債務人的直接接觸、協商，通過多種途徑施加各種壓力，如律師協助追討、代理訴訟、申請執行仲裁裁決等。

③節約追賬成本

在自行追討無法取得實際效果時，如果直接訴諸法律，一般費用較高，程序複雜而且漫長，即使勝訴也不易執行，因此企業較少採用。而專業追賬機構一般採取「不成功，不收取佣金」的政策，最大限度地為企業承擔追賬風險，減小損失。

④縮短追討時間

企業自行追討時，由於不熟悉債務人當地的法律和有關商業慣例，往往費時費力卻收效甚微。而專業追賬機構一般委託債務人當地的追賬員或追賬代理進行追討，他們熟悉當地的法律法規，與債務人沒有語言文化的障礙，便於溝通和協調，能夠提高追討效率，較快收回欠款。

第八節　銷售主管如何評估銷售員績效

根據考評內容的不同，考評方法也可以採用下列兩種方式進行考評，可以提高考評的準確度。

一、橫向比較法

把銷售人員的銷售業績進行比較和排隊的方法，不僅要將銷售人員完成的銷售額進行對比，而且還考慮到銷售人員的銷售成本、銷售利潤、顧客對其服務的滿意程度等。

以銷售額、訂單平均批量和每週平均訪問次數三個因素來分別對銷售人員 A、B、C 三人進行業績考評。

銷售額這因素是最主要的因素，所以把權數定為 5。另外，訂單平均批量和每週平均訪問次數的權數分別定為 3、2。用三個因素分別建立目標，由於存在地區差異，所以每個因素對不同地區的銷售人員建立的目標是不一樣的。

例如銷售人員 C 的銷售額核定為 60 萬元，高於銷售人員 A 的 50 萬元和 B 的 40 萬元，這是考慮到他所在地區的潛在顧客較多，競爭對手較弱而決定的。由於銷售人員 A 所在地區內有大批量的客戶，所以其訂單平均批量也相對較高。每個銷售人員每項目標的達成率等於他所完成的工作量與目標的比率，將達成率與權數相乘就得出了各個銷售人員的綜合效率。可以看出，銷售人員 A、B、C 的綜合效率分別為 85%、84%和 90.5%，銷售人員 C 的綜合績效最好。

表 10-8-1　銷售人員業績考評表 I

考評因素＼銷售人員		A	B	C
銷售額	1. 權數	5	5	5
	2. 目標(萬元)	50	40	60
	3. 完成(萬元)	45	32	57
	4. 達成率(%)	90	80	95
	5. 績效水準(1×4)	4.5	4.0	4.75
訂單平均批量	1. 權數	3	3	3
	2. 目標(萬元)	800	700	600
	3. 完成(萬元)	640	630	540
	4. 達成率(%)	80	90	90
	5. 績效水準	2.4	2.7	2.7
每週平均次數	1. 權數	2	2	2
	2. 目標(萬元)	25	20	30
	3. 完成(萬元)	20	17	24
	4. 達成率(%)	80	85	80
	5. 績效水準	1.6	1.7	1.6
績效合計		8.5	8.4	9.05
綜合效率(績效合計除以總權數)		85%	84%	90.5%

二、縱向分析法

將某一位推銷人員現在和過去的工作實績進行比較，包括對銷售額、毛利、銷售費用、新增顧客數、失去顧客數、每個顧客平均銷售額、每個顧客平均毛利等數量指標的分析。這種方法有利於衡量推銷人員工作的改善狀況。

銷售經理可以從表中瞭解到有關銷售人員的情況。總銷售量每年都在增長，但並不一定說明工作很出色。對不同產品的分析表明，推銷產品 B 的銷售量大於推銷產品 A 的銷售量。對照產品 A 和 B 的定額達成率，W 在推銷產品 B 上所取得的成績很可能是以減少產品 A 的銷售量為代價的。根據毛利額可以看出推銷產品 A 的平均利潤要高於產品 B, W 可能靠犧牲毛利率較高的 A 產品為代價，推銷了銷量較大、毛利率較低的產品 B。推銷員 W 雖然在 2004 年比 2002 年增加了 8000 元的總銷售額，但其總銷售額所獲得毛利總額實際減少 700 元。

銷售費用佔總銷售額的百分比基本得到控制，但銷售費用是不斷增長的。銷售費用上升的趨勢似乎無法以訪問次數的增加予以說明，因為總訪問次數還有下降的趨勢，這可能與取得新顧客的成果有關。但是該推銷員在尋找新客戶時，很可能忽略了現有客戶，這可從每年失去客戶數的上升趨勢上得到說明。

表 10-8-2　銷售人員業績考評表 II

銷售員W	所轄區域：K市			
考評因素 ＼ 年份	2000	2001	2002	2004
1. 產品A的銷售額(元)	376000	378000	410000	395000
2. 產品B的銷售額(元)	635000	660000	802000	825000
3. 銷售總額(元)	1011000	1038000	1212000	1220000
4. 產品A定額的達成率(%)	96.0	92.6	88.7	85.2
5. 產品B定額的達成率(%)	118.3	121.4	132.8	131.1
6. 毒品A的毛利(元)	752000	75600	82000	79000
7. 毒品B的毛利(元)	63500	66000	80200	82500
8. 毛利總額(元)	138700	141600	162200	161500
9. 銷售費用(元)	16378	13476	18665	21716
10. 銷售費用率(%)	2.62	1.78	1.54	1.78
11. 銷售訪問次數	1650	1720	1690	1630
12. 每次訪問成本(元)	9.93	10.74	11.04	13.32
13. 平均客戶數	161	165	169	176
14. 新客戶數	16	18	22	27
15. 失去客戶數	12	14	15	17
16. 每個客戶平均購買額(元)	6280	6291	7172	6932
17. 每個客戶平均毛利(元)	861	858	960	918

最後兩行每個客戶平均購買額和每個客戶平均毛利，都要與整個公司的平均數值進行對比才更有意義。如果 W 的這些數值低於公司的平均數，也許是他的客戶存在地區差異性，也許是他對每個客

戶的訪問時間不夠。可用他的年訪問次數與公司推銷員的平均訪問次數相比較。如果他的平均訪問次數比較少，而他所在銷售區域的距離與其他推銷員的平均距離並無多大差別，則說明他沒有在整個工作日內工作，也許是他的訪問路線計劃不週。

第九節　銷售主管如何處理業績問題

銷售人員的好壞，完全取決於銷售數字。每月的銷售數字告訴銷售經理，每個人的表現是好是壞，很容易可找出達不到銷售標準的銷售員，達成銷售配額的多少百分比就代表一切。

一、業績不好的早期徵兆

許多經理都希望能早一點察覺出表現不佳業務員的徵兆，在業績數字掉到谷底之前，在責任區域搖搖欲墜之前，在客戶流失之前，以及在整個地區的銷售機會被毀滅之前。有沒有任何早期的警示訊號，讓經理得以留意的？訊號多得很。以下就是其中最明顯的：

①銷售員不斷抱怨他責任區域的配額根本無法完成。

當這樣的話重覆出現時，經理就應該留意了，如果某人不相信目標可以完成，目標就不會完成。順帶一提，如果銷售員抱怨的是業績配額很難完成，則不必太擔心。擔心能否完成目標沒有錯。事實上，抱怨一下銷售配額幾乎是銷售員的「義務」。

②銷售員不相信任計劃會有用。

無論經理說得多仔細，要證明該數字可以達成，銷售員就是不理會。那個任務似乎對這個傢伙不可能。

③銷售員無法實現指派的任務。

經理要求銷售員每天做四次業務拜訪；但他只做三次。經理要求星期一以前交出該責任區內十個潛在客戶的名單；但他只交了八個——而且還是星期二才交。

④銷售員錯過許多工作。

好像許多疾病突然在該銷售員的責任區域內流行起來。一下子是感冒、頭痛和背痛，一下子因為耳垂脫臼看醫生，容易受傷。脊椎有毛病，脖子脫臼，肋骨瘀傷，鼻毛感染，其實真正的原因是不再對工作感興趣，任何藉口只是用來逃避工作。

⑤銷售員充滿不在場證明和藉口。

任何錯事都是別人的錯誤。為何達不到業績配額？因為競爭對手提供更好的設備和更低的價格。為何上個月業績那麼差？因為市場狀況混亂。為何那個潛在的大客戶無法結案？那個客戶因為沒有預算所以無法購買任何東西。下個月呢？另一家公司比現有的客戶有更大潛力。

⑥銷售員老把事情弄錯。

經理被告知公司競爭者以一個特殊價格拿到一筆生意。但經過快速查證，價格並非那麼不正常。

或者經理被告知，潛在客戶希望購買一千件的貨品，且會在一星期內做出決定。經過查訪才發現，該潛在客戶初步詢問過一百件的某樣貨品，但目前為止還不曉得會向誰購買。

⑦銷售員避開經理，避開辦公室，甚至避開其他銷售員同事。

他總是匆匆離去，尤其若是經理想和他私下談談關於業績表現問題時，他開會時晚來，會議結束第一個走，通常想找他一定找不到。通常經理若想找他的蹤跡，要把電話打到客戶、家裏和其他聚集所去尋找。這些人都避免正面對質。

⑧銷售員沒有熱情。

毫無熱誠，毫無活力，毫無主意，毫無進取心。他甚至想挫傷別人的熱誠。

⑨銷售員很明顯表示出心理並不接受計劃，仍迅速同意任何管理的想法或計劃。

這一定會激怒每一位經理。既不同意又說是，這樣的員工根本不重視他的直屬主管。

⑩銷售員公開討論其他的工作機會。

此人要經理知道，整個事業界都喊著等他去服務。

不幸，條件通常並不足以定義何謂沒有表現的人。經理人多半得忍受只呈現這些徵兆中一兩項的屬下。這些人中的某部份可能不但可以拯救，還可以將之改變為超級銷售員。

二、主管應有的責任

對自己部屬的銷售表現，經理負有四大主要責任。這些責任是：

⑴設定標準，據此衡量屬下。

⑵就質、量方面衡量屬下的達到的結果。

⑶將結果通知屬下，讓他們知道自己表現的好壞。

⑷確實告知屬下，他們可以怎麼改善自己的表現。

如果經理和非常努力的屬下一起工作，發現他們已經盡最大努力，但結果仍不滿意，則經理不應該抱怨。或許標準設的不夠高。或許經理沒有清楚地向屬下解釋過對他的期望。或許解釋過，但屬下並沒有接受。這樣的話，經理和屬下之間並沒有對可達成的目標做出共同的協定。經理無法做好內部的溝通。

第一步就是應用相關標準評估銷售人員績效，然後對所有受監督的銷售人員的結果進行總結。該步驟的目的在於確定是否有普遍的低績效區域。例如，大多數銷售人員沒有完成定額與只有一兩個沒有完成定額的情況是不同的。

一旦確立了低績效區域，管理者就要回過頭來尋找造成低績效的原因。僅確定大多數人沒有完成目標是不足以提高未來績效的，管理者必須找出造成這種情況的原因。基本方法是回答下面的問題：「是什麼因素影響著該績效的獲得？」例如，為達到銷售定額，關鍵問題是：「什麼因素決定銷售人員是否能完成定額？」所有已確認的因素都應該用來找出低績效的原因。表 10-9-1 列出了幾個在不同區域可能導致低績效的因素。

確定導致低績效的原因之後，銷售管理者必須採取適當的行動來減少或消滅這些原因以便提升績效。這些具體問題的潛在行動的實例也在表 10-9-1 中列出。

設定多次審查發現，沒有完成銷售定額的銷售人員，同時也沒有向潛在顧客做很多的產品展示，這個分析顯示，如果銷售人員做了更多的產品展示，他們就可能創造更大的銷售額從而完成銷售定額。

表 10-9-1　績效問題、原因和管理行動

績效問題	潛在原因	銷售管理行動
未完成行為定額	行為定額不正確，努力不夠，努力品質不佳	重設行為定額，開發激勵項目，增加銷售人數，啟動培訓項目，更密切地監督
未完成銷售額或其他定額	銷售額或其他定額不正確，客戶覆蓋不佳，銷售訪問太少	重新確定銷售額或其他定額，重新分配銷售力量，開發激勵項目，提供更密切的監督，擴大銷售隊伍規模
未完成贏利定額	贏利定額不正確，邊際收益低，銷售費用高	重設贏利定額，改進補償金，使用激勵項目，更密切地監督，啟動培訓項目
未完成職業發展定額	職業發展定額不正確，培訓不夠	重設職業發展定額，啟動培訓項目，更密切地監督，開發激勵項目，改進招聘方式

三、銷售主管的處置

銷售管理的任務就是確定什麼樣的管理行為可以使銷售人員做更多的產品展示。可能的行動包括：更多關於產品展示的培訓、有關需要更多產品展示而與銷售人員的直接溝通、包含上述及其他行動的綜合行動。

針對銷售隊伍所出現的問題，依據造成這些問題的主要原因，有以下三個系統解決這些問題：

1. 銷售隊伍的系統規劃

如何有效地根據銷售模式的不同設計銷售管理系統；如何有效和豐滿地設計銷售人員的工作目標；如何梳理關鍵的業務流程；如

何進行市場劃分；為做好銷售，如何有效地進行內部的組織分工、測算銷售隊伍數量；如何根據業務和市場策略設計銷售人員的薪酬考核機制等，這六個關鍵動作，組成了針對銷售隊伍的系統規劃這一龍頭環節。

2. 銷售隊伍的日常管理與控制

銷售隊伍日常控制的重點有：如何根據業務的特點，招收與之相匹配的業務代表；如何有效監控業務代表的日常客戶推銷活動；如何有效地運用管理表單、工作談話、銷售例會和隨訪觀察等，來管控銷售隊伍。

3. 銷售隊伍的系統培訓與激勵

「系統規劃、管理控制、培訓激勵」，其中「系統規劃」是力求提供一個相對合理的、能夠保證銷售隊伍正常運作的靜態框架；「管理控制」是針對平時業務員日常拜訪客戶和推進訂單的工作，從應當招收什麼人、如何有效地管理日常業務活動這兩個角度，給銷售經理們提供一些操作表單和流程；「培訓激勵」則是根據業務員成長的不同階段，在不同的成長週期，針對不同個性的銷售代表提出針對性的培訓和激勵的解決方案。

表 10-9-2　銷售隊伍的常見問題

問題表現	原因分類
1. 銷售隊伍懶散疲憊、缺乏足夠的衝勁	
2. 下屬脾氣各異，秉性不同，自己總覺得溝通乏術，更談不上有針對性的激勵與管理	
3. 因為銷售人員而導致關鍵客戶的「貶值」、「流失」	
4. 銷售人員帶著客戶跑	
5. 培訓沒有章法，新人「上道」太慢	
6. 銷售動作無章可循甚至變形	
7. 好人招不來，能人留不住	
8. 不知該如何客觀地評價一個銷售代表，看人總是「走眼」，先是「滿心歡喜」，再是「大失所望」，最後「叫苦不迭」	
9. 隊伍整體素質不佳，「雞肋」充斥	
10. 沒有形成人才梯隊，想裁人但不敢動手	
11. 公司內部各部門對銷售的支持力度不足，自己經常要進行繁多的內部協調，有時一個訂單的正常執行是「三分精力對客戶，七分精力對內部」	
12. 管理隊伍不成體系，不知如何入手，一抓就死，一放就亂	
13. 不能掌控下屬的工作狀態和進度，業績總是動盪不定，自己只能坐在辦公室裏「佔卜未來」	
14. 下屬能力普遍缺乏，事無巨細必須自己親自出馬，否則必有大患	
15. 銷售指標的預測和分配很困難，每次指標分解都是艱苦的談判，都會給隊伍帶來負面影響	

152	向西點軍校學管理	360 元
154	領導你的成功團隊	360 元
163	只為成功找方法，不為失敗找藉口	360 元
167	網路商店管理手冊	360 元
168	生氣不如爭氣	360 元
170	模仿就能成功	350 元
176	每天進步一點點	350 元
181	速度是贏利關鍵	360 元
183	如何識別人才	360 元
184	找方法解決問題	360 元
185	不景氣時期，如何降低成本	360 元
186	營業管理疑難雜症與對策	360 元
187	廠商掌握零售賣場的竅門	360 元
188	推銷之神傳世技巧	360 元
189	企業經營案例解析	360 元
191	豐田汽車管理模式	360 元
192	企業執行力（技巧篇）	360 元
193	領導魅力	360 元
198	銷售說服技巧	360 元
199	促銷工具疑難雜症與對策	360 元
200	如何推動目標管理（第三版）	390 元
201	網路行銷技巧	360 元
204	客戶服務部工作流程	360 元
206	如何鞏固客戶（增訂二版）	360 元
208	經濟大崩潰	360 元
215	行銷計劃書的撰寫與執行	360 元
216	內部控制實務與案例	360 元
217	透視財務分析內幕	360 元
219	總經理如何管理公司	360 元
222	確保新產品銷售成功	360 元
223	品牌成功關鍵步驟	360 元
224	客戶服務部門績效量化指標	360 元
226	商業網站成功密碼	360 元
228	經營分析	360 元
229	產品經理手冊	360 元
230	診斷改善你的企業	360 元
232	電子郵件成功技巧	360 元
234	銷售通路管理實務〈增訂二版〉	360 元

235	求職面試一定成功	360 元
236	客戶管理操作實務〈增訂二版〉	360 元
237	總經理如何領導成功團隊	360 元
238	總經理如何熟悉財務控制	360 元
239	總經理如何靈活調動資金	360 元
240	有趣的生活經濟學	360 元
241	業務員經營轄區市場（增訂二版）	360 元
242	搜索引擎行銷	360 元
243	如何推動利潤中心制度（增訂二版）	360 元
244	經營智慧	360 元
245	企業危機應對實戰技巧	360 元
246	行銷總監工作指引	360 元
247	行銷總監實戰案例	360 元
248	企業戰略執行手冊	360 元
249	大客戶搖錢樹	360 元
252	營業管理實務（增訂二版）	360 元
253	銷售部門績效考核量化指標	360 元
254	員工招聘操作手冊	360 元
256	有效溝通技巧	360 元
258	如何處理員工離職問題	360 元
259	提高工作效率	360 元
261	員工招聘性向測試方法	360 元
262	解決問題	360 元
263	微利時代制勝法寶	360 元
264	如何拿到 VC（風險投資）的錢	360 元
267	促銷管理實務〈增訂五版〉	360 元
268	顧客情報管理技巧	360 元
269	如何改善企業組織績效〈增訂二版〉	360 元
270	低調才是大智慧	360 元
272	主管必備的授權技巧	360 元
275	主管如何激勵部屬	360 元
276	輕鬆擁有幽默口才	360 元
278	面試主考官工作實務	360 元
279	總經理重點工作（增訂二版）	360 元
282	如何提高市場佔有率（增訂二版）	360 元

284	時間管理手冊	360 元
285	人事經理操作手冊（增訂二版）	360 元
286	贏得競爭優勢的模仿戰略	360 元
287	電話推銷培訓教材（增訂三版）	360 元
288	贏在細節管理（增訂二版）	360 元
289	企業識別系統 CIS（增訂二版）	360 元
290	部門主管手冊（增訂五版）	360 元
291	財務查帳技巧（增訂二版）	360 元
293	業務員疑難雜症與對策（增訂二版）	360 元
295	哈佛領導力課程	360 元
296	如何診斷企業財務狀況	360 元
297	營業部轄區管理規範工具書	360 元
298	售後服務手冊	360 元
299	業績倍增的銷售技巧	400 元
300	行政部流程規範化管理（增訂二版）	400 元
302	行銷部流程規範化管理（增訂二版）	400 元
304	生產部流程規範化管理（增訂二版）	400 元
305	績效考核手冊(增訂二版)	400 元
307	招聘作業規範手冊	420 元
308	喬·吉拉德銷售智慧	400 元
309	商品鋪貨規範工具書	400 元
310	企業併購案例精華(增訂二版)	420 元
311	客戶抱怨手冊	400 元
314	客戶拒絕就是銷售成功的開始	400 元
315	如何選人、育人、用人、留人、辭人	400 元
316	危機管理案例精華	400 元
317	節約的都是利潤	400 元
318	企業盈利模式	400 元
319	應收帳款的管理與催收	420 元
320	總經理手冊	420 元
321	新產品銷售一定成功	420 元
322	銷售獎勵辦法	420 元
323	財務主管工作手冊	420 元
324	降低人力成本	420 元
325	企業如何制度化	420 元
326	終端零售店管理手冊	420 元
327	客戶管理應用技巧	420 元
328	如何撰寫商業計畫書（增訂二版）	420 元
329	利潤中心制度運作技巧	420 元
330	企業要注重現金流	420 元
331	經銷商管理實務	450 元
332	內部控制規範手冊（增訂二版）	420 元
333	人力資源部流程規範化管理（增訂五版）	420 元
334	各部門年度計劃工作（增訂三版）	420 元
335	人力資源部官司案件大公開	420 元
336	高效率的會議技巧	420 元
337	企業經營計劃〈增訂三版〉	420 元
338	商業簡報技巧（增訂二版）	420 元
339	企業診斷實務	450 元
340	總務部門重點工作（增訂四版）	450 元
341	從招聘到離職	450 元
342	職位說明書撰寫實務	450 元
343	財務部流程規範化管理（增訂三版）	450 元
344	營業管理手冊	450 元

《商店叢書》

18	店員推銷技巧	360 元
30	特許連鎖業經營技巧	360 元
35	商店標準操作流程	360 元
36	商店導購口才專業培訓	360 元
37	速食店操作手冊〈增訂二版〉	360 元
38	網路商店創業手冊〈增訂二版〉	360 元
40	商店診斷實務	360 元
41	店鋪商品管理手冊	360 元
42	店員操作手冊（增訂三版）	360 元

44	店長如何提升業績〈增訂二版〉	360 元
45	向肯德基學習連鎖經營〈增訂二版〉	360 元
47	賣場如何經營會員制俱樂部	360 元
48	賣場銷量神奇交叉分析	360 元
49	商場促銷法寶	360 元
53	餐飲業工作規範	360 元
54	有效的店員銷售技巧	360 元
56	開一家穩賺不賠的網路商店	360 元
58	商鋪業績提升技巧	360 元
59	店員工作規範（增訂二版）	400 元
61	架設強大的連鎖總部	400 元
62	餐飲業經營技巧	400 元
64	賣場管理督導手冊	420 元
65	連鎖店督導師手冊（增訂二版）	420 元
67	店長數據化管理技巧	420 元
69	連鎖業商品開發與物流配送	420 元
70	連鎖業加盟招商與培訓作法	420 元
71	金牌店員內部培訓手冊	420 元
72	如何撰寫連鎖業營運手冊〈增訂三版〉	420 元
73	店長操作手冊（增訂七版）	420 元
74	連鎖企業如何取得投資公司注入資金	420 元
75	特許連鎖業加盟合約（增訂二版）	420 元
76	實體商店如何提昇業績	420 元
77	連鎖店操作手冊（增訂六版）	420 元
78	快速架設連鎖加盟帝國	450 元
79	連鎖業開店複製流程（增訂二版）	450 元
80	開店創業手冊〈增訂五版〉	450 元
81	餐飲業如何提昇業績	450 元

《工廠叢書》

15	工廠設備維護手冊	380 元
16	品管圈活動指南	380 元
17	品管圈推動實務	380 元
20	如何推動提案制度	380 元
24	六西格瑪管理手冊	380 元
30	生產績效診斷與評估	380 元
32	如何藉助 IE 提升業績	380 元
46	降低生產成本	380 元
47	物流配送績效管理	380 元
51	透視流程改善技巧	380 元
55	企業標準化的創建與推動	380 元
56	精細化生產管理	380 元
57	品質管制手法〈增訂二版〉	380 元
58	如何改善生產績效〈增訂二版〉	380 元
68	打造一流的生產作業廠區	380 元
70	如何控制不良品〈增訂二版〉	380 元
71	全面消除生產浪費	380 元
72	現場工程改善應用手冊	380 元
77	確保新產品開發成功（增訂四版）	380 元
79	6S 管理運作技巧	380 元
84	供應商管理手冊	380 元
85	採購管理工作細則〈增訂二版〉	380 元
88	豐田現場管理技巧	380 元
89	生產現場管理實戰案例〈增訂三版〉	380 元
92	生產主管操作手冊(增訂五版)	420 元
93	機器設備維護管理工具書	420 元
94	如何解決工廠問題	420 元
96	生產訂單運作方式與變更管理	420 元
97	商品管理流程控制(增訂四版)	420 元
102	生產主管工作技巧	420 元
103	工廠管理標準作業流程〈增訂三版〉	420 元
105	生產計劃的規劃與執行(增訂二版)	420 元
107	如何推動 5S 管理（增訂六版）	420 元
108	物料管理控制實務〈增訂三版〉	420 元
111	品管部操作規範	420 元
113	企業如何實施目視管理	420 元
114	如何診斷企業生產狀況	420 元

115	採購談判與議價技巧〈增訂四版〉	450元
116	如何管理倉庫〈增訂十版〉	450元
117	部門績效考核的量化管理（增訂八版）	450元
118	採購管理實務〈增訂九版〉	450元
119	售後服務規範工具書	450元

《培訓叢書》

12	培訓師的演講技巧	360元
15	戶外培訓活動實施技巧	360元
21	培訓部門經理操作手冊（增訂三版）	360元
23	培訓部門流程規範化管理	360元
24	領導技巧培訓遊戲	360元
26	提升服務品質培訓遊戲	360元
27	執行能力培訓遊戲	360元
28	企業如何培訓內部講師	360元
31	激勵員工培訓遊戲	420元
32	企業培訓活動的破冰遊戲（增訂二版）	420元
33	解決問題能力培訓遊戲	420元
34	情商管理培訓遊戲	420元
36	銷售部門培訓遊戲綜合本	420元
37	溝通能力培訓遊戲	420元
38	如何建立內部培訓體系	420元
39	團隊合作培訓遊戲(增訂四版)	420元
40	培訓師手冊（增訂六版）	420元
41	企業培訓遊戲大全(增訂五版)	450元

《傳銷叢書》

4	傳銷致富	360元
5	傳銷培訓課程	360元
10	頂尖傳銷術	360元
12	現在輪到你成功	350元
13	鑽石傳銷商培訓手冊	350元
14	傳銷皇帝的激勵技巧	360元
15	傳銷皇帝的溝通技巧	360元
19	傳銷分享會運作範例	360元
20	傳銷成功技巧（增訂五版）	400元
21	傳銷領袖（增訂二版）	400元
22	傳銷話術	400元
24	如何傳銷邀約（增訂二版）	450元

為方便讀者選購，本公司將一部分上述圖書又加以專門分類如下：

《主管叢書》

1	部門主管手冊（增訂五版）	360元
2	總經理手冊	420元
4	生產主管操作手冊（增訂五版）	420元
5	店長操作手冊（增訂七版）	420元
6	財務經理手冊	360元
7	人事經理操作手冊	360元
8	行銷總監工作指引	360元
9	行銷總監實戰案例	360元

《總經理叢書》

1	總經理如何管理公司	360元
2	總經理如何領導成功團隊	360元
3	總經理如何熟悉財務控制	360元
4	總經理如何靈活調動資金	360元
5	總經理手冊	420元

《人事管理叢書》

1	人事經理操作手冊	360元
2	從招聘到離職	450元
3	員工招聘性向測試方法	360元
5	總務部門重點工作（增訂四版）	450元
6	如何識別人才	360元
7	如何處理員工離職問題	360元
8	人力資源部流程規範化管理（增訂五版）	420元
9	面試主考官工作實務	360元
10	主管如何激勵部屬	360元
11	主管必備的授權技巧	360元
12	部門主管手冊（增訂五版）	360元

當市場競爭激烈時：

培訓員工，強化員工競爭力是企業最佳對策

「人才」是企業最大的財富。如何提升人才，是企業永續經營、戰勝對手的核心競爭力。積極培訓公司內部員工，是經濟不景氣時期的最佳戰略，而最快速的具體作法，就是「**建立企業內部圖書館，鼓勵員工多閱讀、多進修專業書藉**」

建議您：請一次購足本公司所出版各種經營管理類圖書，作為貴公司內部員工培訓圖書。 使用率高的（例如「贏在細節管理」），準備 3 本；使用率低的（例如「工廠設備維護手冊」），只買 1 本。

給總經理的話

總經理公事繁忙，還要設法擠出時間，赴外上課進修學習，努力不懈，力爭上游。

總經理拚命充電，但是員工呢？

公司的執行仍然要靠員工，為什麼不要讓員工一起進修學習呢？

買幾本好書，交待員工一起讀書，或是買好書送給員工當禮品。簡單、立刻可行，多好的事！

經營顧問叢書 344　　售價：450 元

營業管理手冊

西元二〇二二年六月　　初版一刷

編著：沈廷偉　任賢旺

策劃：麥可國際出版有限公司（新加坡）

編輯：蕭玲

封面設計：宇軒設計工作室

校對：劉飛娟

發行人：黃憲仁

發行所：憲業企管顧問有限公司

電話：(02) 2762-2241　(03) 9310960　0930872873

電子郵件聯絡信箱：huang2838@yahoo.com.tw

銀行 ATM 轉帳：合作金庫銀行　帳號：5034-717-347447

郵政劃撥：18410591　憲業企管顧問有限公司

登記證：行政業新聞局版台業字第 6380 號

本圖書是由憲業企管顧問(集團)公司所出版，以專業立場，為企業界提供最專業的各種經營管理類圖書。

圖書編號 ISBN：978-986-369-109-9